高职高专国家级骨干院校
重点建设专业核心课程"十二五"规划教材

电机与拖动基础实训

主　编　代红菊

合肥工业大学出版社

内容提要

本书是与《电机与拖动基础》一书配套使用的实训教材。本书以项目为导向,分"应知"、"应会"两部分:应知部分主要是帮助学生巩固在电机与拖动课程中所学的基础理论知识;应会部分则详细地介绍了电机拖动中的重要实验和实训内容。为了更好地与电器控制知识衔接以及满足学生将来走上实际工作岗位的需要,本书在后面还附加了电器控制的多种实验。

本书可供高职高专院校电气类专业及以电为主的机电一体化专业学生使用,还可供相关工程技术人员参考。

图书在版编目(CIP)数据

电机与拖动基础实训/代红菊主编 . —合肥:合肥工业大学出版社,2012.9(2016.7 重印)
ISBN 978 - 7 - 5650 - 0779 - 8

Ⅰ.①电… Ⅱ.①代… Ⅲ.①电机②电力传动 Ⅳ.①TM3②TM921

中国版本图书馆 CIP 数据核字(2012)第 146576 号

电机与拖动基础实训

代红菊 主编		责任编辑 汤礼广 王路生	
出 版	合肥工业大学出版社	版 次	2012 年 9 月第 1 版
地 址	合肥市屯溪路 193 号	印 次	2016 年 7 月第 2 次印刷
邮 编	230009	开 本	787 毫米×1092 毫米 1/16
电 话	总 编 室:0551—62903038	印 张	7
	市场营销部:0551—62903198	字 数	139 千字
网 址	www.hfutpress.com.cn	印 刷	合肥星光印务有限责任公司
E-mail	hfutpress@163.com	发 行	全国新华书店

ISBN 978 - 7 - 5650 - 0779 - 8　　　　　　　定价:16.00 元

如果有影响阅读的印装质量问题,请与出版社市场营销部联系调换。

前　　言

　　实验通常是指对每一个项目的原理和性能的验证、分析和研究，而实训则通常是指对整体工程（装置或系统）的调试、性能测定、验收、维护和故障排除等具有工程含义的活动。

　　实验与实训的目的，不单纯是为了验证与巩固书本上的理论知识，更重要的是培养学生的科学观念与科学态度、规范的操作习惯以及自学能力、分析能力、创新能力和运用理论知识解决实际问题的工程实践能力等。因此，实验和实训对学生成才都是一个十分重要的教学环节，教师和学生都必须充分重视并保证高质量地完成实验和实训任务。

　　为力求学以致用，实验项目的安排必须精选，以确保工作中常遇的内容出现，并使学生受到规范和系统的培养与训练。而不是从验证书本理论出发，书本上有什么知识，就安排什么项目。这样就会导致实验项目繁多，轻重不分，影响学生能力的培养。

　　基于以上认识，本书在实验内容安排上突出重点：对直流电机，突出他励直流电动机特性的研究；对交流电机，突出三相笼式异步电动机特性的研究与控制。为了使其更好地与电器控制知识衔接起来，后面还附加了电气控制实验。而这些，也是学生将来工作中遇到最多的内容。

　　由于作者水平有限，在编写过程中难免有不妥甚至错误之处，敬请读者批评指正。

作　者

目　　录

实验安全操作规程

为了顺利完成电力电子技术、电机及拖动等课程实验,确保实验时人身和设备的安全,实验人员应严格遵守实验安全操作规程。

(1)实验过程中不允许双手同时接触电源变压器的两个输出端。

(2)任何接线和拆线都必须在切断主电源后进行。

(3)完成接线或改接线路后,应仔细核对线路,直到参与实验的人员都引起注意后方可接通电源。

(4)实验过程中如果发生告警,应仔细检查线路及各可调节元件的设置情况,确定无误后方能重新进行实验。

(5)注意仪表最大量程,选择合适的负载,避免损坏仪表、电源或负载设备。

(6)保险管(丝)必须选用规定的规格和型号,不得随意调换,更不可短接或不用。

(7)在有反馈的实验里,实验前一定要确保反馈极性正确,应构成负反馈,避免出现正反馈,造成过流、飞车等事故。

(8)除"阶跃启动"实验外,系统启动前负载电阻必须放在最大值,给定值必须回至零位后,方可合闸启动并慢慢增加给定,以避免元件和设备过载损坏。

(9)直流电机启动时,应先开励磁电源,后开电枢电源。停机时,应先关电枢电源,后关励磁电源。

实验基本要求

　　实验课的目的在于培养学生掌握基本的实验方法与操作技能,学会根据实验目的、实验内容和实验设备,拟定实验线路,选择所需仪表,确定实验步骤,测取数据,经分析研究,得出必要结论,完成实验报告。整个实验过程中,学生都必须集中精力,及时认真做好实验。

　　一、实验前的准备

　　(1)复习教材中与实验有关的内容,熟悉与本次实验相关的理论知识。

　　(2)阅读实验指导,了解本次实验的目的和内容,掌握实验系统的工作原理和方法,明确实验过程中应注意的问题,按照实验项目准备记录抄表。有些内容可到实验室对照预习。

　　(3)写出预习报告,应包括实验系统的详细接线图、实验步骤、数据记录表格等。

　　(4)进行实验分组及分工。一般情况下,实验小组为每组 2~3 人。

　　二、实验实施

　　(1)实验开始前,指导教师要检查学生的预习报告,待学生了解了本次实验的目的、内容和方法后,方能允许实验。

　　(2)指导教师要介绍实验装置,让学生熟悉实验设备,明确设备的功能和使用方法。

　　(3)实验小组成员应分工明确,以保证实验操作协调,数据记录准确可靠。各人的任务应在实验进行中实行轮换,以便实验参加者全面掌握实验技术,提高动手能力。

　　(4)实验开始前先熟悉实验所用的组件,记录电机铭牌和选择仪表量程,然后依次排列组件和仪表,便于测取数据。

　　(5)按预习的实验系统线路图进行接线,线路力求简单明了。一般情况下,接线次序为先主电路,后控制电路;先串联回路,后并联支路。

　　(6)完成实验系统接线后,必须进行自查。串联回路从电源的某一端出发,按回路逐项检查各仪表、设备、负载的位置、极性等是否正确;并联支路则检查其两端的连接点是否在指定的位置。距离较远的两连接端必须选用长导线直接跨接,不得用两根导线在实验装置上的某接线端进行过渡连接。

　　(7)在正式实验开始之前,先熟悉仪表刻度,记下倍率,然后按规范启动电路,观察所有仪表是否正常(如指针正向、反向,是否超量程等)。如出现异常,应立即切断电源,排除故

障。如一切正常，即可正式开始实验。

（8）实验时，应按实验指导所提出的要求及步骤，逐项进行实验和操作。除"阶跃启动"实验外，系统启动前，应使负载电阻值最大，给定值处于零位。测试记录点的分布应均匀。改接线路时，必须断开电源。实验中应观察实验现象是否正常，所得数据是否合理，实验结果是否与理论相一致。

（9）预习时应对实验方法及所测数据的大小做到心中有数，正式实验时，根据实验步骤逐次测取数据。

（10）完成本次实验全部内容后，应请指导教师检查实验数据、记录的波形，认可后方可拆除接线，整理好连接线、仪器、工具，使之物归原位。

项目一 电机的基础知识

应知部分

(1)掌握电机的基本概念和分类。

(2)掌握电机中常用的定律内容。

(3)学会运用定律分析和公式计算。

一、填空题

(1)电动机按其功能可分为_____电动机和_____电动机。

(2)电动机按用电类型可分为_____电动机和_____电动机。

(3)电动机按其转速与电网电源频率之间的关系可分为_____电动机和_____电动机。

(4)电机是以_____原理和_____定律为基本工作原理制成的一种旋转电器。

(5)基尔霍夫第一定律(电流定律)的内容是_____。

(6)电磁感应定律的内容是_____,感应电动势的公式为_____。

(7)铁磁材料分为_____和_____;电机的铁芯用_____,人造磁铁用_____。

(8)铁磁材料的损耗包括_____损耗和_____损耗。我们平常用的电磁炉是利用_____发热来工作的。硅钢片可以减小_____损耗。

(9)通电导体在磁场里要受到_____的作用。

(10)通电导体在磁场中受力方向可由_____判定。

(11)通电导体在磁场中受力运动的过程,是_____转化为_____的过程。

二、选择题(将正确答案的序号填入括号内)

(1)下列关于磁通量的说法中正确的有(　　)。

A. 磁通量不仅有大小还有方向,所以磁通量是矢量

B. 在匀强磁场中,a 线圈的面积比 b 线圈的面积大,则穿过 a 线圈的磁通量一定比穿过 b 线圈的大

C. 磁通量大磁感应强度不一定大

D. 把某线圈放在磁场中的 M、N 两点,若放在 M 处的磁通量较在 N 处的大,则 M 处的磁感强

(2)关于感应电流,下列说法中正确的有(　　)。

A. 只要闭合电路内有磁通量,闭合电路中就有感应电流产生

B. 穿过螺线管的磁通量发生变化时,螺线管内部就一定有感应电流产生

C. 线框不闭合时,即使穿过线圈的磁通量发生变化,线圈中也没有感应电流

D. 只要电路的一部分作切割磁感线运动,电路中就一定有感应电流

三、简答题

(1)在求取感应电动势时,$e_L = -L\dfrac{\mathrm{d}i}{\mathrm{d}t}$,$e = -N\dfrac{\mathrm{d}\Phi}{\mathrm{d}t}$和 $e = Blv$ 式中,哪一个式子具有普遍的形式？另外诸式必须在各自的什么条件下才能适用？

(2)两个线圈匝数相同,一个绕在闭合铁芯上,另一个绕在木材上,两个线圈通入相同频率的交变电流。如果它们的自感电动势相等,试问哪个线圈的电流大？为什么？

（3）在下图中，当线圈 N_1 外施正弦电压 u_1 时，为什么在线圈 N_1 及 N_2 中都会感应出电动势？当电流 i_1 增加时，标出这时 N_1 及 N_2 中感应电动势的实际方向。

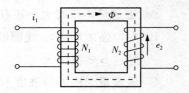

应会部分

（1）能认识各种电机并能说出使用电能的优越性。

（2）能正确拆装鼠笼式异步电动机，能认识各组成部分。

实验 1.1　三相异步电动机的拆卸和安装

一、实验目的

（1）学会使用各种常用电工工具。

（2）认识异步电动机的结构和各部分作用。

（3）学会各种零部件的拆卸和安装方法。

二、实验仪器和实验工具

三相异步电动机、内圆卡圈钳、外圆卡圈钳、扳手、木槌、拉拨器、起子。

三、实验内容和实验步骤

1. 拆卸前的准备工作

（1）必须断开电源，拆除电动机与外部电源的连接线，并做好电源线在接线盒的相序标记，以免安装电动机时搞错相序。

（2）检查拆卸电动机的专用工具是否齐全。

（3）做好相应的标记和必要的数据记录。

① 在皮带轮或联轴器的轴向端做好定位标记，测量并记录联轴器或皮带轮与轴台间的距离。

② 在电动机机座与端盖的接缝处做好标记。

③ 在电动机的出轴方向及引出线在机座上的出口方向做好标记。

2. 三相异步电动机的拆卸

（1）笼型转子电动机的拆卸

① 拆卸皮带轮或联轴器。

a. 在带轮或联轴器的轴伸端上做好再安装时的复原标记。

b. 将三爪拉马的丝杆尖端对准电动机轴端的中心,挂住带轮或联轴器,使其受力均匀,把带轮或联轴器慢慢拉出。

c. 用合适的工具将固定皮带轮或联轴器的销子拆下。

② 拆风罩。用旋具将风罩四周的螺钉拧下,用力将风罩往外拔,风罩便脱离机壳。

③ 拆风扇。

a. 取下转子轴端风扇上的定位销或螺钉。

b. 用木槌均匀轻敲风扇四周。

c. 取下风扇。

④ 拆端盖螺钉。

⑤ 拆卸后端盖。

a. 用木槌敲打轴伸端,使后端盖脱离机座。

b. 当后端盖稍与机座脱开,即可把后端盖连同转子一起抬出机座。

⑥ 拆卸前端盖。

a. 用硬杂木条从后端伸入,顶住前端盖的内部敲打。

b. 取下前端盖。

⑦ 取后端盖。用木槌均匀敲打后端盖四周,即可取下。

⑧ 拆电动机轴承。选择适当的拉具,使拉具的角爪紧扣在轴承内圈上,拉具的丝杆顶点对准转子轴的中心,缓慢均匀地扳动丝杆,轴承就会逐渐脱离转轴被拆卸下来。

(2)绕线转子电动机的拆卸

① 对于绕线转子电动机,通常是先拆前端盖,后拆后端盖。这是因为前端盖装有电刷装置和短路装置。

② 在拆除之前,先把电刷提起并绑扎,标定好刷架位置,以防拆卸端盖时碰坏电刷装置。

③ 对于负载端是滚柱轴承的电动机,应先拆卸非负载端。

④ 拆卸较重的端盖时,在拆卸之前要用吊车或其他起重工具吊好,然后再进行拆卸。

3. 三相异步电动机的安装

按照与拆卸步骤相反的顺序进行。

拆卸和安装操作注意事项:

(1)拆卸带轮或轴承时,要正确使用拉具。

(2)电动机解体前,要做好标记,以便组装。

(3)端盖螺钉的松动与紧固必须按对角线上下左右依次旋动。

(4)不能用锤子直接敲打电动机的任何部位,只能用紫铜棒在垫好木块后再敲击或直接用木槌敲打。

(5)抽出转子或安装转子时动作要小心,一边送一边接,不可擦伤定子绕组。

(6)电动机装配后,要检查转子转动是否灵活,有无卡阻现象。

评分标准见表1-1。

表1-1 评分标准

步骤	内　容	工　艺　要　求	配分	得分
1	拆装前的准备工作	拆卸所做记号: (1)联轴器或带轮与轴台的距离＿＿＿＿＿＿mm; (2)端盖与机座间记号作于＿＿＿＿＿＿＿方位; (3)前后轴承记号的形状＿＿＿＿＿＿; (4)刷架位置＿＿＿＿＿＿。	10分	
2	拆卸顺序	(1)＿＿＿＿　(2)＿＿＿＿　(3)＿＿＿＿ (4)＿＿＿＿　(5)＿＿＿＿　(6)＿＿＿＿ (7)＿＿＿＿	10分	
3	拆卸带轮或联轴器	工艺要点:＿＿＿＿＿	20分	
4	拆卸端盖	工艺要点:＿＿＿＿＿	20分	
5	拆卸轴承	工艺要点:＿＿＿＿＿	20分	
6	装配顺序	(1)＿＿＿＿　(2)＿＿＿＿　(3)＿＿＿＿ (4)＿＿＿＿　(5)＿＿＿＿　(6)＿＿＿＿ (7)＿＿＿＿　(8)＿＿＿＿	20分	
训练所用时间:	学生签名:	教师签名:	总分	

四、实验注意事项

(1)切记断电操作。拆卸前要做适当标记。

(2)拆下来的零部件要放好,抽出转子时要小心,不要擦伤定子绕组。

(3)装配时要将所有的螺丝、垫片都装在原位,不能偷工减料。

五、实验报告

(1)电动机主要由哪几个部分组成?

(2)鼠笼式异步电动机和绕线式异步电动机在结构上有何异同点?

项目二 变压器

应知部分

（1）掌握变压器用途、分类、结构和工作原理。

（2）掌握单相变压器运行特性和利用等效电路计算。

（3）了解单相变压器运行各物理量的性质及公式的推导。

一、填空题

（1）变压器是一种能变换＿＿＿＿＿＿＿＿＿＿＿电压，而＿＿＿＿＿＿＿＿＿＿＿不变的静止电气设备。

（2）变压器的种类很多，按相数分，可分为单相变压器和三相变压器；按冷却方式分，可分为＿＿＿＿＿＿＿＿＿＿＿、风冷式、自冷式和＿＿＿＿＿＿＿＿＿＿＿变压器。

（3）电力系统中使用的电力变压器，可分为＿＿＿＿＿＿＿＿＿＿＿变压器、＿＿＿＿＿＿＿＿＿＿＿变压器和＿＿＿＿＿＿＿＿＿＿＿变压器。

（4）变压器的空载运行是指变压器的一次绕组＿＿＿＿＿＿＿＿＿＿＿，二次绕组＿＿＿＿＿＿＿＿＿＿＿的工作状态。

（5）一次绕组为 660 匝的单相变压器，当一次侧电压为 220 V 时，要求二次侧电压为 127 V，则该变压器的二次绕组应为＿＿＿＿＿＿＿＿＿＿＿匝。

（6）一台变压器的变压比为 1∶15，当它的一次绕组接到 220 V 的交流电源上时，二次绕组输出的电压是＿＿＿＿＿＿＿＿＿＿＿V。

（7）变压器空载运行时，由于＿＿＿＿＿＿＿＿＿＿＿损耗较小，＿＿＿＿＿＿＿＿＿＿＿损耗近似为零，所以变压器的空载损耗近似等于＿＿＿＿＿＿＿＿＿＿＿损耗。

（8）变压器带负载运行时，当输入电压 U_1 不变时，输出电压 U_2 的稳定性主要由＿＿＿＿＿＿＿＿＿＿＿和＿＿＿＿＿＿＿＿＿＿＿决定，而二次侧电路的功率因数 $\cos\varphi_2$ 主要由＿＿＿＿＿＿＿＿＿＿＿决定，与变压器关系不大。

（9）收音机的输出变压器二次侧所接扬声器的阻抗为 8 Ω，如果要求一次侧等效阻抗为 288 Ω，则该变压器的变比应为＿＿＿＿＿＿＿＿＿＿＿。

（10）变压器的外特性是指变压器的一次侧输入额定电压和二次侧负载＿＿＿＿＿＿＿＿＿＿＿一定时，二次侧＿＿＿＿＿＿＿＿＿＿＿与＿＿＿＿＿＿＿＿＿＿＿的关系。

(11)一般情况下,照明电源电压波动不应超过_____;动力电源电压波动不应超过_____,否则必须进行调整。

(12)如果变压器的负载系数为 β,则它的铜耗 P_{Cu} 与短路损耗 P_k 的关系式为_____,所以铜耗是随_____的变化而变化的。

(13)当变压器的负载功率因数 $\cos\varphi_2$ 一定时,变压器的效率只与_____有关;且当_____时,变压器的效率最高。

(14)短路试验是为了测出变压器的_____、_____和_____。

(15)在铁芯材料和频率一定的情况下,变压器的铁耗与_____成正比。

(16)变压器绕组的极性是指变压器一次绕组、二次绕组在同一磁通作用下所产生的感应电动势之间的相位关系,通常用_____来标记。

(17)所谓同名端,是指_____,一般用_____表示。

(18)所谓三相绕组的星形接法,是指把三相绕组的尾端连在一起,接成_____,三相绕组的首端分别_____的连接方式。

(19)某变压器型号为 S7—500/10,其中 S 表示_____,数字 500 表示_____,10 表示_____。

(20)一次侧额定电压是指变压器额定运行时,_____,它取决于_____和_____。而二次侧额定电压是指一次侧加上额定电压,二次侧空载时的_____。

(21)所谓温升,是指变压器在额定工作条件下,内部绕组允许的_____与_____之差。

(22)为了满足机器设备对电力的要求,许多变电所和用户都采用几台变压器并联供电来提高_____。变压器并联运行的条件有三个:一是_____;二是_____;三是_____。否则,不但会增加变压器的能耗,还有可能发生事故。

(23)两台变压器并联运行时,要求一次侧电压、二次侧电压_____,变压比误差不允许超过_____。

(24)变压器并联运行时的负载分配(即电流分配)与变压器的阻抗电压_____。因此,为了使负载分配合理(即容量大,电流也大),就要要求它们都一样。

(25)并联运行的变压器容量之比不宜大于_____,U_k 要尽量接近,相差不大于_____。

(26)运行值班人员应定期对变压器及附属设备进行全面检查,每天至少_____。在检查过程中,要注重"_____、闻、嗅、摸、测"五字准则,仔细检查。

(27)三相自耦变压器一般接成_____。

(28)自耦变压器的一次侧和二次侧既有_____的联系,又有_____的

联系。

(29)为了充分发挥自耦变压器的优点,其变压比一般在_____范围内。

(30)电流互感器一次绕组的匝数很少,要_____接入被测电路;电压互感器一次绕组的匝数较多,要_____接入被测电路。

(31)用电流比为 200∶5 的电流互感器与量程为 5 A 的电流表测量电流,电流表读数为 4.2 A,则被测电流是_____A。若被测电流为 180 A,则电流表的读数应为_____A。

(32)电压互感器的原理与普通_____变压器是完全一样的,不同的是它的_____更准确。

(33)在选择电压互感器时,必须使其_____符合所测电压值;其次,要使它尽量接近_____状态。

二、判断题(在括号内打"√"或打"×")

(1)在电路中所需的各种直流电,可以通过变压器来获得。　　　　　　　　　(　　)

(2)变压器的基本工作原理是电流的磁效应。　　　　　　　　　　　　　　(　　)

(3)同心绕组是将一次侧、二次侧线圈套在同一铁柱的内、外层,一般低压绕组在外层,高压绕组在内层。　　　　　　　　　　　　　　　　　　　　　　(　　)

(4)热轧硅钢片比冷轧硅钢片的性能更好,其磁导率高而损耗小。　　　　　(　　)

(5)储油柜也称油枕,主要用于保护铁芯和绕组不受潮,还有绝缘和散热的作用。(　　)

(6)芯式铁芯是指线圈包着铁芯,其结构简单、装配容易、省导线,适用于大容量、高电压的场合。　　　　　　　　　　　　　　　　　　　　　　　　　(　　)

(7)变压器中匝数较多、线径较小的绕组一定是高压绕组。　　　　　　　　(　　)

(8)变压器既可以变换电压、电流和阻抗,又可以变换相位、频率和功率。　　(　　)

(9)变压器用于改变阻抗时,变压比是一次侧、二次侧阻抗的平方比。　　　(　　)

(10)变压器空载运行时,一次绕组的外加电压与其感应电动势在数值上基本相等,而相位相差 $180°$。　　　　　　　　　　　　　　　　　　　　　　(　　)

(11)当变压器的二次侧电流增加时,由于二次绕组磁势的去磁作用,变压器铁芯中的主磁通将要减小。　　　　　　　　　　　　　　　　　　　　　　(　　)

(12)当变压器的二次侧电流变化时,一次侧电流也跟着变化。　　　　　　(　　)

(13)接容性负载对变压器的外特性影响很大,并使电压下降。　　　　　　(　　)

(14)对升压变压器的空载试验,可以在一次侧进行,将二次侧开路。　　　(　　)

(15)变压器进行短路试验时,可以在一次侧电压较大时,把二次侧短路。　(　　)

(16)变压器的铜耗 P_{Cu} 为常数,可以看成是不变损耗。　　　　　　　　(　　)

(17)变压器二次侧采用三角形接法时,如果有一相绕组接反,将会使三相绕组感应电动势的相量和为零。　　　　　　　　　　　　　　　　　　　　　(　　)

(18)绕组的最高允许温度为额定环境温度加变压器额定温升。　　　　　（　　　）

(19)当负载随昼夜、季节而波动时,可根据需要将某些变压器解列或并联以提高运行效率,减少不必要的损耗。　　　　　　　　　　　　　　　　　（　　　）

(20)变压器并联运行时连接组别不同,但只要二次侧电压大小一样,那么它们并联后就不会因存在内部电动势差而导致产生环流。　　　　　　　　　　　　（　　　）

(21)自耦变压器绕组公共部分的电流,在数值上等于一次侧、二次侧电流数值之和。（　　　）

(22)自耦变压器既可作为降压变压器使用,又可作为升压变压器使用。　　（　　　）

(23)自耦变压器一次侧从电源吸取的电功率,除一小部分损耗在内部外,其余的全部经一次侧、二次侧之间的电磁感应传递到负载上。　　　　　　　　　　（　　　）

(24)利用互感器使测量仪表与高电压、大电流隔离,从而保证仪表和人身的安全,又可大大减少测量中能量的损耗,扩大仪表量程,便于仪表的标准化。　　　　（　　　）

(25)应根据测量准确度和电流要求来选用电流互感器。　　　　　　　　（　　　）

(26)与普通变压器一样,当电压互感器二次侧短路时,将会产生很大的短路电流。　（　　　）

(27)为了防止短路造成危害,在电流互感器和电压互感器二次侧电路中都必须装设熔断器。　　　　　　　　　　　　　　　　　　　　　　　　　　（　　　）

(28)电压互感器的一次侧接高电压,二次侧接电压表或其他仪表。　　　（　　　）

三、选择题(将正确答案的序号填入括号内)

(1)油浸式变压器中的油能使变压器(　　　)。

　　A. 润滑　　　　　　B. 冷却　　　　　　C. 绝缘　　　　　D. 冷却和增加绝缘性能

(2)常用的无励磁调压分接开关的调节范围为额定输出电压的(　　　)。

　　A. ±10%　　　　　B. ±5%　　　　　　C. ±15%

(3)安全气道又称防爆管,用于避免油箱爆炸引起的更大危害。在全密封变压器中,广泛采用(　　　)做保护。

　　A. 压力释放阀　　B. 防爆玻璃　　　C. 密封圈

(4)有一台380 V/36 V的变压器,在使用时不慎将高压侧和低压侧互相接错,当低压侧加上380 V电源后,会发生的现象是(　　　)。

　　A. 高压侧有380 V的电压输出

　　B. 高压侧没有电压输出,绕组严重过热

　　C. 高压侧有高压输出,绕组严重过热

　　D. 高压侧有高压输出,绕组无过热现象

(5)有一台变压器,一次绕组的电阻为10 Ω,在一次侧加220 V交流电压时,一次绕组的空载电流(　　　)。

　　A. 等于22 A　　B. 小于22 A　　C. 大于22 A

(6)变压器降压使用时,能输出较大的(　　)。

　　A. 功率　　　　B. 电流　　　　C. 电能　　　　D. 电功

(7)将 50 Hz、220 V/127 V 的变压器接到 100 Hz、220 V 的电源上,铁芯中的磁通将(　　)。

　　A. 减小　　　　B. 增加　　　　C. 不变　　　　D. 不能确定

(8)变压器的空载电流 I_0 与电源电压 U_1 的相位关系是(　　)。

　　A. I_0 与 U_1 同相　　　　　　　B. I_0 滞后 U_1 90°

　　C. I_0 滞后 U_1 接近 90°但小于 90°　　D. I_0 滞后 U_1 略大于 90°

(9)用一台变压器向某车间的异步电动机供电,当开动的电动机台数增多时,变压器的端电压将(　　)。

　　A. 升高　　　B. 降低　　　C. 不变　　　D. 可能升高,也可能降低

(10)变压器短路实验的目的之一是测定(　　)。

　　A. 短路阻抗　　B. 励磁阻抗　　C. 铁耗　　　D. 功率因数

(11)变压器空载实验的目的之一是测定(　　)。

　　A. 变压器的效率　　B. 铜耗　　　C. 空载电流

(12)对变压器进行短路实验时,可以测定(　　)。

　　A. 由短路电压与二次侧短路电流之比确定的短路阻抗

　　B. 短路电压

　　C. 额定负载时的铜耗

　　D. 以上均正确

(13)单相变压器一次侧、二次侧电压的相位关系取决于(　　)。

　　A. 一次、二次绕组的同名端

　　B. 对一次侧、二次侧出线端标志的规定

　　C. 一次、二次绕组的同名端以及对一次侧、二次侧出线端标志的规定

(14)变压器二次绕组采用三角形接法时,如果有一相接反,将会产生的后果是(　　)。

　　A. 没有电压输出　　　　B. 输出电压升高

　　C. 输出电压不对称　　　　D. 绕组烧坏

(15)变压器二次绕组采用三角形接法时,为了防止发生一相接反的事故,正确的测试方法是(　　)。

　　A. 把二次绕组接成开口三角形,测量开口处有无电压

　　B. 把二次绕组接成闭合三角形,测量其中有无电流

　　C. 把二次绕组接成闭合三角形,测量一次侧空载电流的大小

　　D. 以上三种方法都可以

(16)将单相自耦变压器输入端的相线和零线反接,出现的结果是( )。

    A. 对自耦变压器没有任何影响

    B. 能起到安全隔离的作用

    C. 会使输出零线成为高电位而使操作有危险

(17)自耦变压器的功率传递主要是( )。

    A. 电磁感应

    B. 电路直接传导

    C. 两者都有

(18)自耦变压器接电源之前应把自耦变压器的手柄位置调到( )。

    A. 最大值   B. 中间   C. 零

(19)如果不断电拆装电流互感器二次侧的仪表,则必须( )。

    A. 先将一次侧断开   B. 先将一次侧短接

    C. 直接拆装   D. 先将一次侧接地

(20)电流互感器二次侧回路所接仪表或继电器线圈的阻抗必须( )。

    A. 高   B. 低   C. 高或者低   D. 既有高,又有低

四、简答题

(1)为什么要高压输送电能?

(2)变压器能改变直流电压吗? 如果接上直流电压会发生什么现象? 为什么?

（3）什么是主磁通、漏磁通？

（4）变压器带负载运行时，输出电压的变动与哪些因素有关？

（5）试述空载试验的实际意义。

（6）判断变压器绕组同名端的原理和方法是什么？

（7）二次侧为星形接法的变压器，空载测得三个线电压为 $U_{UV}=400$ V，$U_{WU}=230$ V，$U_{VW}=230$ V，请作图说明是哪相接反了。

(8)二次侧为三角形接法的变压器,测得三角形的开口电压为二次侧相电压的 2 倍,请作图说明是什么原因造成的。

(9)变压器并联运行没有环流的条件是什么?

(10)电流互感器工作在什么状态?为什么严禁电流互感器二次侧开路?为什么二次侧和铁芯要接地?

(11)使用电压互感器时应注意哪些事项?

(12)电焊变压器应满足哪些条件?

五、计算题

(1)变压器的一次绕组为 2000 匝,变压比 $K=30$,一次绕组接入工频电源时铁芯中的磁通最大值 $\Phi_m=0.015\ \mathrm{Wb}$。试计算一次绕组、二次绕组的感应电动势各为多少?

(2)变压器的额定容量是 100 kVA,额定电压是 6000 V/230 V,满载下负载的等效电阻 $R_L=0.25\ \Omega$,等效感抗 $X_L=0.44\ \Omega$。试求负载的端电压及变压器的电压调整率。

(3)某变压器额定电压为 10 kV/0.4 kV,额定电流为 5 A/125 A,空载时高压绕组接 10 kV电源,消耗功率为 405 W,电流为 0.4 A。试求变压器的变压比,空载时一次绕组的功率因数以及空载电流与额定电流的比值。

(4)一台三相变压器,额定容量 $S_N=400\ \mathrm{kVA}$,一次侧、二次侧额定电压 $U_{1N}/U_{2N}=$ 10 kV/0.4 kV,一次绕组为星形接法,二次绕组为三角形接法。试求:

① 一次侧、二次侧额定电流;

② 在额定工作情况下,一次绕组、二次绕组实际流过的电流;

③ 已知一次侧每相绕组的匝数是 150 匝,问二次侧每相绕组的匝数应为多少?

应会部分

(1)会正确使用电压表、电流表、功率表。

(2)会做单相变压器的空载实验和短路实验。

(3)掌握三相变压器并联运行的条件。

(4)熟悉各种特殊变压器的用途和使用注意事项。

实验 2.1　单相变压器并联运行

一、实验目的

(1)理解变压器并联运行的条件。

(2)测定变压器内阻抗对负载分配的影响。

二、实验电路和实验设备

1. 实验电路

图 2-1-1 中负载电阻 R_L 采用 3～100 Ω 可调电阻串联，R_1 为人为增加的变压器内阻，调节 R_1 使与变压器 II 二次侧内阻相等。

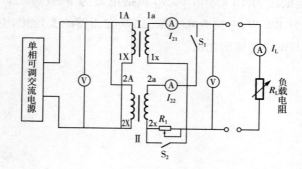

图 2-1-1　单相变压器并联接线图

2. 实验设备

(1)单相可调交流电源、电压表、电流表、可变电阻器、开关。

(2)127 V/50 V、200 VA BKC 型单相变压器一只(I)，27 V/50 V、100 VA 壳式单相变压器一只(II)。

(3)万用表。

三、实验内容和实验步骤

(1)理解单相变压器并联的条件:①同名端相同;②二次侧电压基本相等。

（2）测定两个变压器的同名端常用的测试方法如图 2-1-2 所示。将变压器一、二次侧中的一端（X 和 2）相连，另一端间（A 和 1）接一只电压表（或万用表）。将一次侧接上电源，电压调至 100 V 左右。

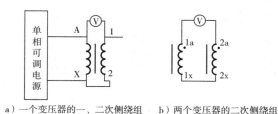

a）一个变压器的一、二次侧绕组　　　b）两个变压器的二次侧绕组

图 2-1-2　变压器同名端的测定

若电压表读数为 U_1 与 U_2 两者之差，则 1 与 A 为同名端。若电压表读数为两者之和，则 2 与 A 为同名端。

（3）在两个变压器并联时，可先将两个变压器的一次侧绕组进行并联。而对二次侧绕组，则先联接一端，另一端间可接一只电压表，如图 2-1-2b 所示，若同名端联接法正确，而且两个二次侧电压基本相等，则电压表读数将很小。若读数很小，表明可以并联运行；若读数很大，则表示接线有误，或两个变压器变比相差太大，不宜并联运行。若强行并联运行，在两个电源间将会形成很大的环流，消耗电能，甚至烧坏变压器。

（4）根据上述实验步骤，确定符合并联运行的条件，于是可如图 2-1-1 所示，将两个变压器并联，将开关 S_1 与 S_2 合上，并接上电阻负载 R_L。

（5）调节一次侧电压 $U_1 = 100$ V，并保持不变。调节负载电阻 R_L，使负载电流分 8 挡由 0 至 2.0 A，同时读取二次侧电压 U_2 及两个变压器二次侧电流 I_{21} 和 I_{22}，将数据填入表 2-1 中。

表 2-1　数据记录表

负载电流 I_L（A）	0								
二次侧电压 U_2（V）									
变压器Ⅰ二次侧电流 I_{21}（A）									
变压器Ⅱ二次侧电流 I_{22}（A）									

（6）断开 S_2，R_1 串入变压器Ⅱ二次侧电路中（模拟该变压器内阻较大），重做上述实验。

四、实验注意事项

（1）必须严格遵守变压器并联条件：①同名端相同；②变比 K 基本相等。

（2）负载电阻 R_L 不可置于 $R_L = 0$ 处。实验开始前置于阻值最大处。

五、实验报告

（1）说明判断变压器同名端的方法。

（2）由上述实验步骤（5）和实验步骤（6），说明变压器内阻抗对负荷分配的影响，以及对负载电压的影响。

实验 2.2　三相变压器联接组的识别与接线

一、实验目的

（1）三相变压器联接组的识别。
（2）三相变压器联接组的接线。

二、实验电路和实验设备

1. 实验电路

三相电力变压器、三相整流变压器和三相同步变压器，常用的联接组有 Y,d5（Y/△－5）、Y,d11（Y/△－11）、Y,y12（Y/Y12）、Y,yno（Y/YN－12）、Y,y10（Y/Y－10）等。图 2－2－1 为 Y,d5（Y/△－5）联接组；图 2－2－2 为 D,y11（△/Y－11）联接组；图 2－2－3 为 Y,y10（Y/Y－10）联接组。

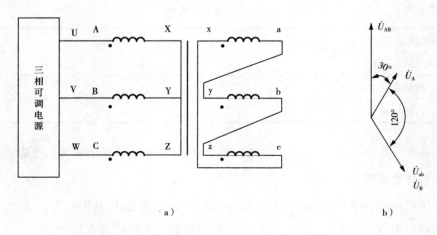

a)

b)

图 2－2－1　Y,d5 联接组

a)接线图；b)电势相量图

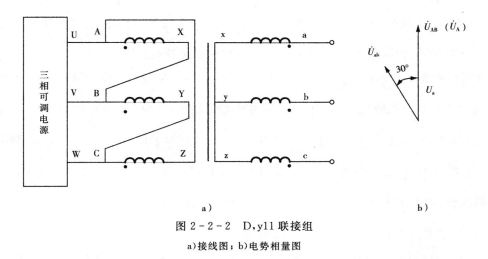

图 2-2-2 D，y11 联接组

a)接线图；b)电势相量图

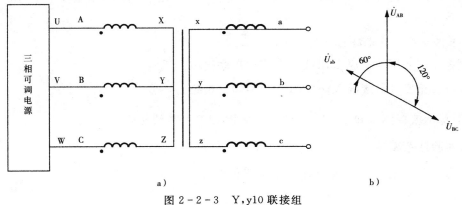

图 2-2-3 Y，y10 联接组

a)接线图；b)电势相量图

2．实验设备

(1)三相交流电源。

(2)三相整流变压器一只。

(3)双踪示波器一台。

(4)万用表一只。

三、实验内容和实验步骤

1．学会识别三相变压器的联接组

(1)对一个已经联接好的三相变压器。首先要标出一次侧和二次侧的接线端子标号 A、B、C 和 a、b、c，然后识别它们是接成 Y 形还是△形。

(2)对每一相，要确定它们的同名端(与单相变压器同名端识别方法相同)。

(3)于是可以画出如图 2-2-1a 所示的接线图。

(4)对各个接线图,采用以一次侧的线电压(如$\dot{U}_{AB}$为时钟的长针、二次侧对应的线电压(如$\dot{U}_{ab}$)为时钟的短针,这样,长短针构成的图形便显示出钟点数。

例如对于图 2-2-1,一次侧为 Y 形接法,二次侧为△形接法。由图 2-2-1a 可见,二次侧$\dot{U}_{ab}$对应的是一次侧的$\dot{U}_{BY}$(即$\dot{U}_B$)。作电势相量图时,先画出$\dot{U}_{AB}$长钟(指向 12 点钟),然后画出$\dot{U}_A$(较$\dot{U}_{AB}$滞后 30°),再画出$\dot{U}_B$(较$\dot{U}_A$滞后 120°),而$\dot{U}_{ab}$与$\dot{U}_B$同相(以同名端为参考点),于是可画出$\dot{U}_{ab}$。由图 2-2-1b 可见,$\dot{U}_{ab}$较$\dot{U}_{AB}$滞后 150°,为时钟 5 点钟,所以为 Y,d5联接组,综上所述即$\dot{U}_{AY} \rightarrow \dot{U}_A \rightarrow \dot{U}_B \rightarrow \dot{U}_{ab}$。同理,由图 2-2-2 可见,$\dot{U}_a$与$\dot{U}_{AX}$(即$\dot{U}_{AB}$)同相,而$\dot{U}_{AB}$较$\dot{U}_a$超前 30°,所以为 D,y11 联接组。

(5)除作电势相量图外,最直接的方法是示波器进行测量,即用 Y1、Y2 两个探头测 A 端和 a 端,而用公共端测 B 点及 b 点(B 与 b 连一起)。由它们的相位差,即可判断属于几点钟。

2. 根据联接组要求进行接线

(1)将三相变压器接成 Y,d11(Y/△-11)联接组。

(2)将三相变压器接成 Y,d10(Y/△-10)联接组。

用双踪示波器测量并记录$\dot{U}_{AB}$及$\dot{U}_{ab}$的波形,以判断接线是否正确。

四、实验注意事项

(1)为安全起见,一次侧电压采用低电压供电,调节线电压使 $U_1 = 50$ V。

(2)接成△形或 Y 形时,要注意识别同名端。

(3)由于双踪示波器外壳接探头公共端,因此示波器与外壳相连的保护线(PE 线)不可接地。最好示波器经隔离变压器供电。

五、实验报告

(1)画出三相变压器 Y,d11(Y/△-11)的接线图及电势相量图,以及示波器显示的$\dot{U}_{AB}$及$\dot{U}_{ab}$的波形图。

(2)画出三相变压器 Y,d10(Y/△-10)的接线图及电势相量图,以及示波器显示的$\dot{U}_{AB}$及$\dot{U}_{ab}$的波形图。

实验 2.3 三相变压器空载、纯电阻负载实验

一、实验目的

(1)通过空载实验和短路实验,测定三相变压器的变比和参数。

(2)通过负载实验,测取三相变压器的运行特性。

二、实验设备及仪器

三相可调交流电源、交流电压表、电流表、功率表、功率因数表、三相可调电阻器、三相变压器、开关板。

三、实验内容

(1)测定变比。

(2)空载实验:测取空载特性 $U_0 = f(I_0)$,$P_0 = f(U_0)$,$\cos\varphi_0 = f(U_0)$。

(3)纯电阻负载实验。

四、实验方法和步骤

1. 测定变比

实验线路如图 2-3-1 所示,被测变压器选用三相芯式变压器。

(1)在三相交流电源断电的条件下,将调压器旋钮逆时针方向旋转到底,并合理选择各仪表量程。

(2)合上交流电源总开关,顺时针调节调压器旋钮,使变压器空载电压 $U_0 = 0.5U_N$,测取高、低压线圈的线电压,记录于表 2-2 中。

表 2-2 数据记录表

$U_{1U_1V_1}$	$U_{1V_1W_1}$	$U_{1W_1U_1}$	$U_{2U_1V_1}$	$U_{2V_1W_1}$	$U_{2W_1U_1}$

2. 空载实验

实验线路如图 2-3-1 所示,实验时,变压器低压线圈接电源,高压线圈开路。A、V、W 分别为交流电流表、交流电压表、功率表。功率表接线时,需注意电压线圈和电流线圈的同名端,避免接错线。

(1)接通电源前,先将交流电源调到输出电压为零的位置。合上交流电源总开关,顺时针调节调压器旋钮,使变压器空载电压 $U_0 = 1.2U_N$。

(2)然后,逐次降低电源电压,在 $1.2U_N \sim 0.5U_N$ 的范围内,测取变压器的三相线电压、电流和功率。

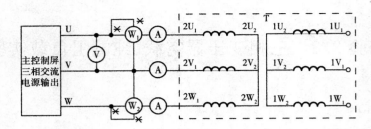

图 2-3-1 三相变压器空载实验接线图

共取几组数据,记录于表 2-3 中。其中 $U=U_N$ 的点必须测,并在该点附近测的点应密些。

(3)测量数据以后,断开三相电源,以便为下次实验做好准备。

表 2-3 数据记录表

序号	实验数据								计算数据			
	$U_0(V)$			$I_0(A)$			$P_0(W)$		$U_0(V)$	$I_0(A)$	$P_0(W)$	$\cos\varphi$
	$U_{2U_1 \cdot 2V_1}$	$U_{2V_1 \cdot 2W_1}$	$U_{2W_1 \cdot 2U_1}$	$I_{2U_{10}}$	$I_{2V_{10}}$	$I_{2W_{10}}$	P_{01}	P_{02}				
1												
2												
3												
4												
5												
6												
7												
8												
9												
10												

3. 纯电阻负载实验

实验线路如图 2-3-2 所示,变压器低压线圈接电源,高压线圈经开关 S 接三相负载电阻 R_L。

(1)将负载电阻 R_L 调至最大,合上开关 S_1 接通电源,调节交流电压,使变压器的输入电压 $U_1 = U_{1N}$。

(2)在保持 $U_1 = U_{1N}$ 的条件下,逐次增加负载电流,从空载到额定负载范围内,测取变压器三相输出线电压和相电流,共取几组数据,记录于表 2-4 中,其中 $I_2 = 0$ 和 $I_2 = I_N$ 两点必测。

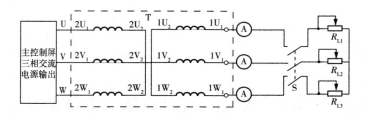

图 2-3-2　三相变压器负载实验接线图

表 2-4　$U_{UV} = U_{1N} = \underline{\qquad}$ V　　$\cos\varphi_2 = 1$

序号	U(V)				I(A)			
	$U_{1U_1 \cdot 1V_1}$	$U_{1V_1 \cdot 1W_1}$	$U_{1W_1 \cdot 1U_1}$	U_2	I_{1U_1}	I_{1V_1}	I_{1W_1}	I_2
1								
2								
3								
4								
5								

五、注意事项

在三相变压器实验中,应注意电压表、电流表和功率表的合理布置。做短路实验时操作要快,否则线圈发热会引起电阻变化。

六、实验报告

(1)如何用双表法测三相功率?空载实验和短路实验应如何合理布置仪表?

(2)三相芯式变压器的三相空载电流是否对称?为什么?

(3)如何测定三相变压器的铁耗和铜耗?

(4)变压器空载实验和短路实验应注意哪些问题?电源应加在哪一方较合适?

项目三 三相异步电动机的基本原理和运行分析

应知部分

(1)掌握三相异步电动机的工作原理,理解旋转磁场的产生。

(2)掌握三相异步电动机的机械特性和工作特性。

(3)掌握三相异步电动机空载和负载运行的基本方程式、等值电路和相量图三种分析方法。

一、填空题

(1)电动机的工作原理是建立在_____定律、_____定律、电路定律和电磁力定律等基础上的。

(2)三相定子绕组产生旋转磁场的必要条件是在三相对称_____中通入_____。

(3)电动机的旋转方向与_____的旋转方向相同,它由通入三相定子绕组的交流电流的_____决定。

(4)电动机工作在_____时,铁芯中的磁通处于临界饱和状态,这样可以减少电动机铁芯的_____损耗。

(5)工作制是指三相电动机的运转状态,即允许连续使用的时间,分为_____、_____和周期断续三种。

(6)三相电动机定子绕组的连接方法有_____和_____两种。

(7)根据获得启动转矩的方法不同,电动机的结构也存在较大差异,主要分为_____电动机和_____电动机两大类。

(8)某三相交流电机定子通上三相电源后,磁动势顺时针旋转,对调其中的两根引出线后再接到电源上,磁动势为_____时针转向,转速_____变。

(9)整距线圈的电动势大小为 10 V,其他条件都不变,只把线圈改成短距,短距系数为0.95,则短距线圈的电动势应为_____V。

(10)6 极交流电机定子有 36 槽,槽距角大小应为_____(电角度),相邻两个线圈电动势相位差_____,若线圈两个边分别在第 1 槽、第 9 槽中,绕组短距系数等于_____,绕组分布系数等于_____,绕组系数等于_____。

（11）三相异步电动机电磁转矩与电压 U_1 的关系是_____。

（12）三相异步电动机最大电磁转矩与转子回路电阻成_____关系,临界转差率与转子回路电阻成_____关系。

（13）三相异步电动机的极对数 P、同步转速 n_1(r/min)、转速 n(r/min)、定子频率 f_1(Hz)、转子频率 f_2(Hz)、转差率 s、转子的转速 n_2 之间互相关联,根据相关内容,填写表 3-1。

表 3-1　数据记录表

P	n_1	n	f_1	f_2	s	n_2
1			50		0.03	
2		1000	50			
	1800		60	3		
5	600	-300				
3	1000				-0.2	
4			50		1	

（14）三相异步电动机固有机械特性是在_____、_____、_____条件下的特性。

（15）固有机械特性曲线上的四个特殊点是_____、_____、_____、_____。

（16）常用的人为机械特性曲线是_____和_____。

二、判断题(在括号内打"√"或打"×")

（1）三相异步电动机的定子是用来产生旋转磁场的。　　　　　　（　　）

（2）三相异步电动机的转子铁芯可以用整块铸铁制成。　　　　　（　　）

（3）三相定子绕组在空间上互差 120°电角度。　　　　　　　　（　　）

（4）"异步"是指三相异步电动机的转速与旋转磁场的转速有差值。（　　）

（5）三相异步电动机没有转差也能转动。　　　　　　　　　　　（　　）

（6）负载增加时,三相异步电动机的定子电流不会增大。　　　　（　　）

（7）不能将三相异步电动机的最大转矩确定为额定转矩。　　　　（　　）

（8）电动机工作在额定状态时,铁芯中的磁通处于临界饱和状态。（　　）

（9）电动机电源电压越低,定子电流就越小。　　　　　　　　　（　　）

（10）异步电动机转速越快则磁极对数越多。　　　　　　　　　　（　　）

（11）额定功率是指三相电动机工作在额定状态时轴上所输出的机械功率。　　　（　　　）

（12）额定电压是指接到电动机绕组上的相电压。　　　（　　　）

（13）额定转速表示三相电动机在额定工作情况下每秒钟运行的转数。　　　（　　　）

三、选择题（将正确答案的序号填入括号内）

（1）转速不随负载变化的是（　　　）电动机。

    A. 异步　　　B. 同步　　　C. 异步或同步

（2）用兆欧表测量电机、电器设备的绝缘电阻时，下列说法正确的是（　　　）。

    A. 只需要将弱电部分断开即可

    B. 既要测量三相之间的绝缘，还要测量强弱电之间的绝缘

    C. 被测设备先切断电源，并将绕组导线与大地接通放电

（3）某磁极对数为 4 的三相异步电动机的转差率为 0.04，其转子转速为（　　　）。

    A. 3000 r/min　　　B. 720 r/min　　　C. 1000 r/min　　　D. 750 r/min

四、简答题

（1）三相笼型异步电动机主要由哪些部分组成？各部分的作用是什么？

（2）三相异步电动机的定子绕组在结构上有什么要求？

（3）常用的笼型转子有哪两种？为什么笼型转子的导电条都做成斜的？

（4）绕线转子的结构是怎样的？绕线电动机启动完毕而又不需调速时，如何减少电刷磨损和摩擦损耗？

（5）简述三相异步电动机的工作原理。

五、计算题

（1）一台三相异步电动机的 $f=50$ Hz，$n_N=960$ r/min，该电动机的额定转差率是多少？另有一台 4 极三相异步电动机，其转差率 $s_N=0.03$，那么它的额定转速是多少？

（2）某三相异步电动机的铭牌数据如下：$U_N=380$ V，$I_N=15$ A，$P_N=7.5$ kW，$\cos\varphi_N=0.83$，$n_N=960$ r/min。试求电动机的额定效率 η_N。

（3）一台三角形联接的 Y132M—4 型三相异步电动机的额定数据如下：$P_N = 7.5$ kW，$U_N = 380$ V，$n_N = 1440$ r/min，$\cos\varphi_N = 0.82$，$\eta_N = 88.2\%$。试求该电动机的额定电流和对应的相电流。

（4）一台绕线型异步电动机，$P_N = 7.5$ kW，$U_N = 380$ V，$I_N = 15.7$ A，$n_N = 1460$ r/min，$\lambda_m = 3.0$，$T_0 = 0$。求：

① 临界转差率 s_m 和最大转矩 T_m。

② 写出固有机械特性的实用表达式并绘出固有机械特性。

应会部分

（1）掌握三相异步电动机参数的测量方法。

（2）会用三种方法判断三相定子绕组首尾端。

（3）会正确嵌入三相定子绕组。

实验 3.1 三相笼式异步电动机定子绕组首尾端判断

一、实验目的

(1)掌握三相异步电动机首尾端判别方法。

(2)了解三相异步电动机定子绕组冷态电阻大小。

二、实验仪器、设备

三相鼠笼式异步电动机、三相可调电源、万用表、灯泡。

三、实验内容与实验步骤

1. 三相异步电动机首尾端判别

电动机三相绕组共有 6 个出线端,分别接在电动机接线盒的 6 个接线柱上。接线柱标有数字或符号,标明电动机定子绕组的首尾。但有些电动机在使用中接线板损坏,首尾分不清楚,特别是电动机在绕组更换、拆装维修后,也要重新进行接线。为了正确接线,必须先判断电动机定子绕组的首尾。下面介绍几个出线端首尾端判别方法。

(1)用 36 V 交流电源和灯泡判别首尾端

① 用兆欧表或万用表的电阻挡,分别找出三相绕组各相的两个线头。分别测两两接线端,测得电阻较小时,即为同一相绕组的两个端。

② 先给三相绕组的线头做假设编号 U_1、U_2、V_1、V_2、W_1、W_2,并把 V_1、U_2 连接起来,构成两相绕组串联。

③ 在 U_1、V_2 线头上接一只灯泡。

④ W_1、W_2 两个线头上接通 36 V 交流电源,如果灯泡发亮,说明线头 U_1、U_2 和 V_1、V_2 的编号正确。如果灯泡不亮,则把 U_1、U_2 或 V_1、V_2 中任意两个线头的编号对调即可。

⑤ 再按上述方法对 W_1、W_2 两个线头进行判别。判别时的接线如图 3-1-1 所示。

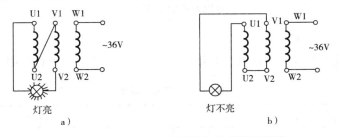

图 3-1-1 用 36 V 电源和灯泡判断首尾端

(2)用万用表或微安表判别首尾端

方法之一:

① 用万用表电阻挡分别找出三相绕组各相的两个线头。

② 给各相绕组假设编号为 U1、U2、V1、V2 和 W1、W2。

③ 按图 3-1-2 接线,用手转动电动机转子,如万用表(微安挡)指针不动($i=0$),则证明假设的编号是正确的;若指针有偏转($i\neq0$),说明其中有一相首尾端假设编号不对。应逐相对调重试,直至正确为止。

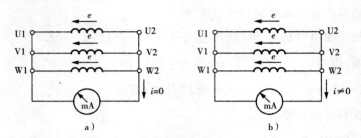

图 3-1-2　用万用表或微安表判别首尾端方法之一

方法之二:

① 分清三相绕组各相的两个线头,并进行假设编号。按图 3-1-3 的方法接线。

② 观察万用表(微安挡)指针摆动的方向。合上开关瞬间,若指针摆向大于零的一边,则接电池正极的线头与万用表负极所接的线头同为首端或尾端;如指针反向摆动,则接电池正极的线头与万用表正极所接的线头同为首端或尾端。

③ 再将电池和开关接另一相两个线头进行测试,就可正确判别各相的首尾端。图 3-1-3 中的开关可用按钮开关。

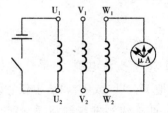

图 3-1-3　用万用表或微安表判别首尾端方法之二

2. 定子绕组冷态电阻的测定

用万用表测量三相异步电动机每相绕组电阻并在表 3-2 中记录数据。

表 3-2　数据记录表

$R_{U_1U_2}$	$R_{V_1V_2}$	$R_{W_1W_2}$

四、注意事项

将电源调到 36 V,在断电情况下接线。

五、实验报告

(1)三相异步电动机各相绕组电阻分别是多大？为什么三相绕组阻抗要对称？

(2)写出上述三种三相异步电动机首尾端判别方法的原理。

实验 3.2　三相异步电动机定子绕组的嵌线

一、实验目的

(1)掌握定子绕组的绕线方法。

(2)掌握定子绕组的嵌线方法。

(3)掌握定子绕组嵌线的基本规律。

(4)掌握定子绕组嵌线的工艺。

二、实验仪器、设备

三相异步电动机、漆包线、绕线机、划线板、绝缘套管、引槽纸、槽绝缘、木板、手锤和绑扎带。

三、实验内容和步骤

1. 引线处理

先将线圈导线理齐,引出线理直。线圈嵌线时的引出线要放在靠近机座出线盒的一端,即以出线盒为基准来确定嵌线第一槽的位置。引出线应套上绝缘套管,一般采用2730醇酸玻璃漆管,其直径大小应适宜,长度应一致,要求绝缘良好。

2. 线圈捏法

先用右手把要嵌的线圈边捏扁,用左手捏住线圈的一端向相反方向扭转,如图3-2-1a所示,使线圈的槽外部分略带扭绞形,以免线圈松散,使其顺利地嵌入槽内。线圈边捏扁后放到槽口的槽绝缘中间,左手捏住线圈朝里拉入槽内,如图3-2-1b所示。如果槽内不用引槽纸,应在槽口临时衬两张薄膜绝缘纸,以保护导线绝缘不被槽口擦伤,线圈边入槽后,即可把薄膜绝缘纸取出。如果线圈边捏得好,一次就能将大部分导线拉入槽内,由于线圈扭绞了一下,使线圈内的导线变位,线圈端部有了自由伸缩的余地,对嵌线、整形都很便利,且易于平整服帖。否则,槽上部的导线势必拱起来,使嵌线困难。

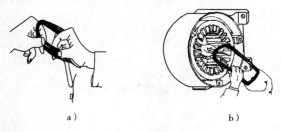

图 3-2-1　线圈捏法

3. 理线与压线

导线进槽应按绕制线圈的顺序,不要使导线交叉错乱,线圈两端槽外部分虽略带扭绞形,但槽内部分必须整齐平行,否则会影响导线的全部嵌入,而且还会造成导线相擦而损伤绝缘。在线圈捏扁后不断地送入槽内时,用理线板在线圈边两侧交替理线,引导导线入槽。划线板运动方向如图 3-2-2a 所示。

若为双层绕组时,当嵌完下层边后,就把层间绝缘放入槽内,用压线板压平,然后再嵌上层边。方法是一手持划线板,另一手捏线圈,将导线两根或三根滑拨入槽,见图 3-2-2b 所示。当大部分导线嵌入后,用两手掌向里、向下按压线圈端部,将其端部压下去一点,而且让线圈张开些,不使已嵌入的导线张紧在槽口,这样有利于上层边全部嵌入。理线时,应先理下面的几根导线,使导线在嵌完后顺序排列,无交叉错乱现象。当槽满率较高时,在嵌线后期须用压线板压实导线,但不可猛敲。定子较大时,可用小锤轻敲压线板,应注意端部槽口转角处容易凸起,使导线嵌不下去,可以用竹板垫住端部往下敲打。导线全部嵌入槽内后,用压线板把全部导线压实,以便封槽。

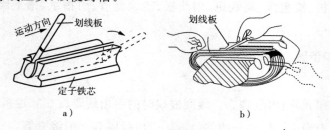

图 3-2-2　理线与压线

4. 起把线圈的处置

起把线圈即吊把线圈,起把线圈吊起后,下面应垫一张纸,以免线圈边与铁芯相碰而擦伤绝缘,如图 3-2-3 所示。当嵌完最后一个节距线圈后,就可把最初吊起的起把线圈往上层边逐一放下,嵌入相应的槽内。

图 3 - 2 - 3 起把线圈的处置

5. 封槽口

当导线全部嵌入槽内后,用压线板轻轻压实导线,剪去露出槽口的引槽纸,如图 3 - 2 - 4a 所示,用划线板将槽绝缘两边折拢,包住导线,如图 3 - 2 - 4b 所示,再把槽楔打入槽内,压紧线圈,如图 3 - 2 - 4c 所示。槽楔长度比槽绝缘短 3 mm,要求打入槽内后松紧适当。

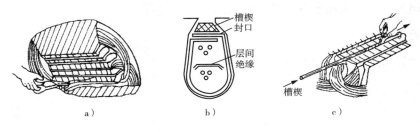

图 3 - 2 - 4 封槽口

6. 层间绝缘与相间绝缘

当采用双层绕组时,同槽上下两层之间垫入与槽绝缘材料相同的层间绝缘。在下层边嵌好后,就把层间绝缘放进槽内,盖住下层边。要求层间绝缘两端伸出槽外长度均等,且不允许有个别导线在层间绝缘上面,以免造成相间击穿。

相间绝缘即为绕组端部相间垫入与槽绝缘相同的材料。在封槽后,接着在两端垫入相间绝缘,使其压住层间绝缘,并与槽绝缘相接触,端部相间绝缘应边嵌线边垫上,否则不易垫好。

7. 端部整形及绑扎

线圈全部嵌完后,检查线圈外形、端部排列及相间绝缘,待符合要求后,首先用手将绕组两端下压整喇叭口,如图 3 - 2 - 5a。然后把木板垫在绕组端部,用手锤轻轻敲打,整成较为规范的喇叭口,如图 3 - 2 - 5b。其直径大小要适宜,既要有利于通风散热,又不能使端部离机座太近,影响绝缘。

端部整形后,修剪相间绝缘,使其高出绕组 3～4 mm。中小型电动机绕组端部需用无碱玻璃纤维带或聚醋纤维编织套管绑扎,以增加绕组的机械强度。在有引接线的一端,应把电缆和接头处同时绑扎牢,必要时应在此端增加绑扎层数。

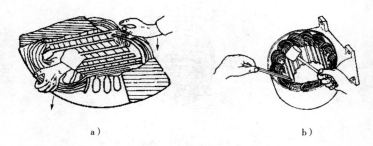

a)   b)

图 3 - 2 - 5　端部整形及绑扎

四、注意事项

(1)小心轻拿线圈,不要碰擦,避免绝缘损坏。

(2)线圈嵌好后的分布为"一边倒",呈多米诺骨牌推倒状。

(3)线圈的整理应按缩宽→扭转→捏扁的步骤来进行。

五、实验报告

(1)定子绕组连接有几种方式,各有何特点?

(2)三相异步电动机对定子三相绕组的要求是什么?

实验 3.3　三相笼式异步电动机机械特性的测定

一、实验目的

(1)三相笼式异步电动机机械特性的测定。

(2)三相笼式异步电动机调压调速特性的研究。

二、实验电路和实验设备

1. 实验电路(可省去功率表与 $\cos\varphi$ 表,电压表与电流表各接一只即可)

实验电路如图 3 - 3 - 1 所示。

2. 实验设备

(1)三相笼式异步电动机-永磁测功机机组。

(2)万用表一只,交流电压表、电流表、功率表、功率因数表。

(3)三相可调电阻器。

(4)单相可调电阻器。

(5)异步电动机-直流发电机组。

三、实验内容和实验步骤

按图3-3-1接线,改变三相异步电动机的定子电压,分析定子电压对机械特性的影响。

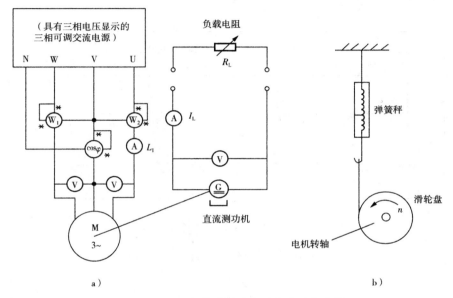

图3-3-1 三相笼式异步电动机实验电路图

(1)调节$U_1 = 220$ V,并保持恒量,以测功机调节电动机的负载转矩T_L,测定对应的转速n,即可得到恒压时的机械特性$n = f(T_L)$,将数据填入表3-3中。

表3-3 $U_1 = 220$ V时的三相笼式异步电动机的机械特性

测功机电流 I_G(A)	0							
线电流 I_1(A)								$1.2 I_{1N}$
机械转矩 T_L(mN·m)								
转速 n(r/min)								

(2)分别调节$U_1 = 180$ V、140 V、100 V,并保持恒量。重做上述实验。

四、实验注意事项

(1)本实验中,测功机与三相异步电动机对接时要特别注意两个电机中心轴要对准并在同一直线上。否则会形成轴向扭曲,阻力增大,且会产生振动。

（2）由于本实验中,使用的电表较多,要注意它们是交流电表还是直流电表。对直流电表要注意它的极性。对功率表及功率因数表,要注意电压线圈和电流线圈同名端（＊）的接法,不要搞错。并要注意正确选择量程和正确读数。

（3）测功机启动时要注意将限流电阻置于最大值,启动后再将它短路。

（4）注意异步电动机的转向（通过互换进线相序调节）,要使测功机外壳朝压向力传感器的方向转动。

（5）电动机堵转时,为减小堵转电流,要降低外加电压,且堵转实验时间不宜过长,以免电动机过度发热。

（6）测功机的接线如图 3-3-2 所示。

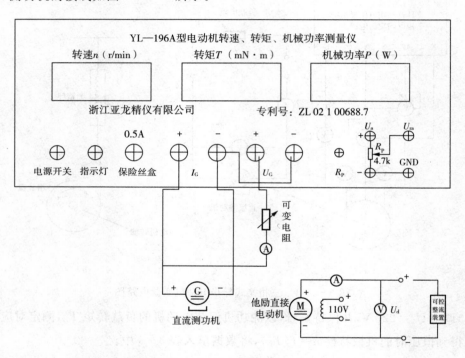

图 3-3-2　YL－196A 型测功机的接线图

五、实验报告

（1）根据实验内容与实验步骤中（1）、（2）所得实验数据,在同一张坐标纸上,分别画出 $U_1 = 220$ V、180 V、140 V、100 V 时的四条机械特性曲线:$n = f_1(T_L)$、$n = f_2(T_L)$、$f_3(T_L)$ 和 $n = f_4(T_L)$。

（2）分析定子电压降低时机械特性的变化,并在此基础上,分析采用调节定子电压进行调速的方案的优缺点。

实验 3.4　异步电动机的工作特性测定

一、实验目的

(1)掌握三相异步电动机的空载实验和负载实验的方法。

(2)用直接负载法测取三相异步电动机的工作特性。

(3)测定三相异步电动机的参数。

二、实验项目

(1)空载试验。

(2)负载试验。

三、实验设备及仪器

(1)三相可调交流电源。

(2)交流电压表、电流表、功率表、功率因数表。

(3)三相可调电阻器。

(4)单相可调电阻器。

(5)异步电动机-直流发电机组。

(6)开关板。

四、实验内容和实验步骤

1. 空载试验

测量电路如图 3-4-1 所示。电机绕组为△接法($U_N = 220$ V)。

(1)启动电压前,把交流电压调节旋钮退至零位,然后接通电源,逐渐升高电压,使电机启动旋转,观察电机旋转方向,并使电机旋转方向符合要求。

(2)保持电动机在额定电压下空载运行数分钟,使机械损耗达到稳定后再进行实验。

(3)调节电压由 1.2 倍额定电压开始逐渐降低电压,直至电流或功率显著增大为止。在这范围内读取空载电压、空载电流、空载功率。

(4)在测取空载实验数据时,在额定电压附近多测几点,共取几组数据,记录于表 3-4 中。

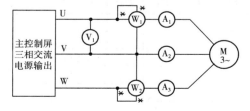

图 3-4-1　三相异步电动机空载实验接线图

表 3-4　数据记录表

序号	U_{OC}(V)				I_{OL}(A)				P_O(W)			$\cos\varphi$
	U_{AB}	U_{BC}	U_{CA}	U_{OL}	I_A	I_B	I_C	I_{OL}	P_I	P_{II}	P_O	
1												
2												
3												
4												
5												
6												
7												

2. 负载实验

测量电路如图 3-4-2 所示。

(1)合上交流电源,调节调压器使之逐渐升压至额定电压,并在实验中保持此额定电压不变。

(2)调节三相电阻器使之加载,使异步电动机的定子电流逐渐上升,直至电流上升到 1.25 倍额定电流。

(3)从这负载开始,逐渐减小负载直至空载,在这范围内读取异步电动机的定子电流、输入功率、转速、转矩等数据,共读取几组数据,记录于表 3-5 中。

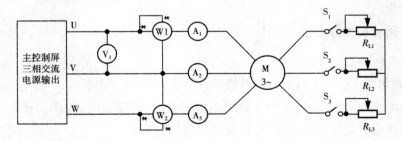

图 3-4-2　三相异步电动机负载实验接线图

表 3-5　数据记录表

序号	I_{OL}(A)				P_O(W)			T_2(N·m)	n(r/min)	P_2(W)
	I_A	I_B	I_C	I_l	P_I	P_{II}	P_l			
1										
2										
3										
4										
5										
6										

五、实验注意事项

(1)由于本实验中使用的电表较多,要注意它们是交流电表还是直流电表。对直流电表要注意它的极性。对功率表及功率因数表,要注意电压线圈和电流线圈同名端(＊)的接法,不要搞错。并要注意正确选择量程和正确读数。

(2)先将交流电压调节旋钮退至零位,然后接通电源,逐渐升高电压。

六、实验报告

(1)异步电动机的工作特性指哪些特性?

(2)异步电动机的等效电路有哪些参数? 它们的物理意义是什么?

(3)试述异步电动机工作特性和参数的测定方法。

项目四 三相异步电动机的电力拖动

(1)掌握三相异步电动机启动电流大的原因及危害。

(2)掌握三相异步电动机几种降压启动的原理、特点和应用。

(3)了解深槽式和双鼠笼式异步电动机的原理和较好的启动性能。

(4)掌握异步电动机几种调速方式的特点和应用。

(5)掌握异步电动机几种制动方法的特性和应用。

一、填空题

(1)常用的降压启动方法有_____、_____、_____等。

(2)鼠笼式异步电动机降压启动在启动电流_____的同时,_____也减小了。

(3)绕线式异步电动机启动方法有_____和_____两种,其中控制简单的是_____方法。

(4)能耗制动实现时应断开定子的_____电源,在_____加上_____电源,同时串_____。

(5)电源两相反接制动的制动能源来自于_____和_____,其制动力较能耗制动更_____。

(6)最常出现的回馈制动的情况是_____和_____。

(7)变极调速的调速范围_____,调速的平滑性_____,最突出的优点是_____,所以常被用于_____。

(8)变频调速的优点有_____、_____、_____、_____。

二、判断题(在括号内打"√"或打"×")

(1)转子串电阻人为机械特性的同步转速比固有机械特性的同步转速低。 （   ）

(2)定子串电阻降压启动由于可以减小启动电流,所以得到广泛应用。 （   ）

(3)转子串电阻启动既可以减小启动电流,又可以增大启动转矩。 （   ）

(4)转子串频敏变阻器启动适用于只有启动要求,而对调速要求不高的场合。 (   )

(5)能耗制动可以用于限制反抗性负载的快速停车。 (   )

(6)反接制动一般只用于小型电动机,且不常用于停车制动的场合。 (   )

(7)反接制动准确平稳。 (   )

(8)能耗制动制动力大,制动迅速。 (   )

(9)回馈制动广泛应用于机床设备。 (   )

三、选择题(将正确答案的序号填入括号内)

(1)下列选项中不满足三相异步电动机直接启动条件的是(   )。

    A. 电动机容量在 7.5 kW 以下

    B. 满足经验公式 $\dfrac{I_{st}}{I_N} < \dfrac{3}{4} + \dfrac{S_N}{P_N}$

    C. 电动机在启动瞬间造成的电网电压波动小于 20%

(2)Y-△降压启动适用于正常运行时为(   )连接的电动机。

    A. △   B. Y   C. Y 和△

(3)功率消耗较大的启动方法是(   )。

    A. Y-△降压启动

    B. 自耦变压器降压启动

    C. 定子绕组串电阻降压启动

(4)反抗性负载采用能耗制动停车后,应采取的措施是(   )。

    A. 立即断掉直流电源

    B. 断直流电又重新加上交流电

    C. 可以不做其他电气操作

(5)能实现无级调速的调速方法是(   )。

    A. 变极调速   B. 改变转差率调速   C. 变频调速

(6)转子串电阻调速适用于(   )异步电动机。

    A. 笼型   B. 绕线式   C. 滑差

(7)改变电源电压调速只适用于(   )负载。

    A. 通风机型   B. 恒转矩   C. 起重机械

(8)下列方法中属于改变转差率调速的是(   )调速。

    A. 改变电源电压   B. 变频   C. 变磁极对数

四、简答题

(1)增加三相异步电动机的转子电阻对电动机的机械特性有什么影响?

(2)三相异步电动机 Y-△降压启动和自耦变压器降压启动的特点是什么？适用于什么场合？

(3)简述绕线式异步电动机转子串频敏变阻器启动的工作原理。

(4)三相笼型异步电动机有哪几种调速方法？各有哪些优缺点？

(5)简述绕线式异步电动机转子串电阻调速的特点。

(6)简述三相异步电动机反接制动的特点及适用场合。

(7)简述能耗制动和回馈制动的工作原理、特点及适用场合。

(8)笼型异步电动机全压启动时,为何启动电流大而启动转矩并不大?

五、计算题

(1)一台 20 kW 的电动机,其启动电流与额定电流之比为 6.5,变压器容量为 5690 kVA,能否全压启动? 另有一台 75 kW 电动机,其启动电流与额定电流之比为 7.1,能否全压启动?

（2）一台三相绕线式异步电动机 $P_N=10\text{ kW}$，$f_1=50\text{ Hz}$，$n_N=1475\text{ r/min}$，$R_2=0.15\ \Omega$，在负载转矩保持不变时，在转子回路中串入三相对称电阻，使电机的转速下降到 1200 r/min。试求：①所串电阻的阻值；②消耗在所串电阻上的功率。

应会部分

（1）能完成异步电动机的直接启动和降压启动的接线。

（2）能掌握绕线式异步电动机串电阻和串频敏电阻器启动。

（3）能实现三相异步电动机的反转和调速。

实验 4.1　三相异步电动机的启动、反转与调速

一、实验目的

（1）熟悉三相异步电动机的启动设备，掌握三相异步电动机的各种启动方法。

（2）掌握三相异步电动机的反转方法。

（3）掌握三相异步电动机的调速原理和调速方法。

二、实验仪器和设备

三相鼠笼式异步电动机、三相绕线式异步电动机、三相调压器、交流电流表、交流电压表、万用表、转换开关、倒顺开关、三相电阻箱、转速表和频敏变阻器。

三、实验原理

（1）三相异步电动机的启动电流为额定电流的 4～7 倍。为限制启动电流过大，鼠笼式异步电动机通常采用降压启动，如定子回路串电阻（或电抗）降压启动、Y-△降压启动、自耦变压器降压启动。由于降压启动在限制启动电流的同时，也降低了启动转矩，故只适用于对

启动转矩要求不高的场合。绕线式异步电动机转子回路串适当电阻既可以降低启动电流，又可以提高启动转矩。

（2）三相异步电动机的反转方法是改变电源通入定子绕组的相序。

（3）三相异步电动机的调速方法有变极调速、变频调速、变转差率调速和采用电磁转差离合器调速。绕线式异步电动机转子回路串电阻是变转差率调速的方法之一。串电阻后电动机的机械特性变软，转子串接的电阻越大，特性越软，这种方法调速范围大，属恒转矩调速。从机械特性可知，在空载和轻载串电阻时调速范围不大，因此调速时需带一定大小的负载。

四、实验内容

（1）三相鼠笼式异步电动机的启动。

（2）三相鼠笼式异步电动机的反转。

（3）三相绕线式异步电动机的启动。

（4）三相绕线式异步电动机的调速。

五、实验步骤

1. 三相鼠笼式异步电动机的启动与反转

（1）启动实验

① 直接启动（全压启动）。接线如图 4-1-1 所示，先闭合开关，然后闭合电源开关，读取瞬时启动电流数值，记录于表 4-1 中。

② 定子回路串电阻（或电抗）降压启动。仍按图 4-1-1 接线，断开开关，定子回路串入对称电阻启动，并测量不同电阻值时的启动电流，记录于表 4-1 中。待电机转速稳定后，将开关闭合，电动机正常运行。

表 4-1　三相鼠笼式异步电动机各种启动方法的启动电流

启动条件	直接启动	定子回路串电阻降压启动			Y-△降压启动		自耦变压器降压启动		
		$R=$	$R=$	$R=$	Y 接法	△接法	$U=$	$U=$	$U=$
启动电流									

③ Y-△降压启动。接线如图 4-1-2 所示，先将开关向下闭合，定子绕组接为星形，然后闭合电源开关，读取启动电流数值，记录于表 4-1 中，待电机转速稳定后，将开关迅速向上闭合，定子绕组接成三角形转入正常运行。

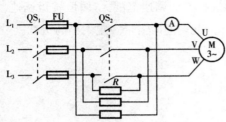

图 4-1-1 定子绕组串电阻降压启动接线图   图 4-1-2 Y-△降压启动接线图

④ 自耦变压器降压启动。按图 4-1-3 接线,改变自耦变压器的抽头,使自耦变压器输出不同电压,降压启动电动机,测量启动电流,记录于表 4-1 中,待电动机转速稳定后,转入全压运行。如果电动机的容量不大,自耦降压启动器可用三相调压器代替。

(2)反转实验

接线如图 4-1-4 所示,将倒顺开关置于正转位置,接通电源,启动电动机,测量启动电流,观察电动机转向。然后将倒顺开关置于反转位置,测量反转时的最大电流,并观察电动机的转向,填写表 4-2。

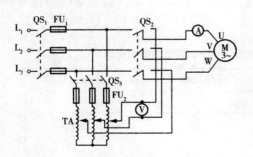

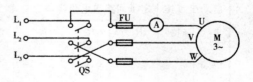

图 4-1-3 自耦变压器降压启动接线图   图 4-1-4 三相异步电动机反转接线图

表 4-2 反转实验数据

电动机的转向	正转	反转
启动电流		

2. 三相绕线式异步电动机的启动与调速

(1)三相绕线式异步电动机的启动实验

① 转子回路串对称电阻启动。接线如图 4-1-5 所示,先将启动变阻器手柄置于阻值

最大位置,然后接通电源启动电动机,读取启动电流数值,记录于表4-3中,缓慢转动启动变阻器手柄,逐渐减小启动电阻,直至启动变阻器被切除,电动机稳定运行。

② 转子回路串频敏变阻器启动。按图4-1-6接线,将双向开关置于"启动"位置,接通电源启动电动机,观察启动电流大小及变化情况。当电动机转速接近额定转速时,将双向开关置于"运行"位置,切除频敏变阻器。

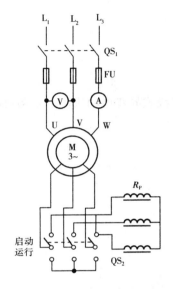

图4-1-6 转子回路串频敏变阻器启动接线图

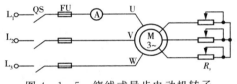

图4-1-5 绕线式异步电动机转子
回路串电阻启动接线图

(2)三相绕线式异步电动机的调速实验

仍按图4-1-5接线,将电动机带一定负载启动,置变阻器手柄于3~4个位置,分别测量各位置时变阻器的电阻值及相应的电动机转速,并记录于表4-3中。

表4-3 绕线式异步电动机实验数据

R_s 的阻值	$R_s=$	$R_s=$	$R_s=$	$R_s=$
启动电流/A				
转速/(r · min^{-1})				

六、注意事项

(1)三相异步电动机降压启动应在空载或轻载的状态下进行。

(2)三相绕线式异步电动机串电阻调速时,要带一定大小的负载。

七、实验报告

(1)比较异步电动机不同启动方法的特点和优缺点。

（2）为什么绕线式异步电动机串频敏变阻器启动能实现自动变阻，使电动机平稳启动？

（3）绕线式异步电动机串电阻调速时，为什么要带一定大小的负载？

（4）分析绕线式异步电动机串电阻调速时阻值与转速的关系。

项目五 直流电机的基本原理和运行分析

应知部分

(1)掌握直流电机的结构和原理。

(2)掌握换向器在直流电动机和直流发电机中的作用。

(3)掌握电机中的能量传递关系。

(4)掌握他励直流电动机的平衡方程式和计算。

一、填空题

(1)直流电动机主磁极的作用是产生＿＿＿＿＿＿，它由＿＿＿＿＿和＿＿＿＿＿两大部分组成。

(2)直流电动机的电刷装置主要由＿＿＿＿＿、＿＿＿＿＿、＿＿＿＿＿、＿＿＿＿＿和＿＿＿＿＿等部件组成。

(3)电枢绕组的作用是产生＿＿＿＿＿或流过＿＿＿＿＿而产生电磁转矩实现机电能量转换。

(4)电动机按励磁方式分类,有＿＿＿＿＿、＿＿＿＿＿、＿＿＿＿＿和＿＿＿＿＿等。

(5)在直流电动机中产生的电枢电动势 E_a 方向与外加电源电压及电流方向＿＿＿＿＿,称为＿＿＿＿＿,用来与外加电压相平衡。

(6)直流电动机吸取电能在电动机内部产生的电磁转矩,一小部分用来克服摩擦及铁耗所引起的转矩,主要部分就是轴上的有效＿＿＿＿＿转矩,它们之间的平衡关系可用＿＿＿＿＿表示。

(7)直流电机在运行中是可逆的,即一台直流电机既可以作＿＿＿＿＿运行,也可作＿＿＿＿＿运行。

(8)在一台直流电机的铭牌上,我们最关心的数据有＿＿＿＿＿、＿＿＿＿＿、＿＿＿＿＿、＿＿＿＿＿和＿＿＿＿＿。

二、判断题(在括号内打"√"或打"×")

(1)直流发电机和直流电动机作用不同,所以其基本结构也不同。 （　　）

(2)直流电动机励磁绕组和电枢绕组中流过的都是直流电流。　　　　　（　　）

（3）串励直流电动机和并励直流电动机都具有很大的启动转矩，所以它们具有相似的机械特性曲线。　　　　　　　　　　　　　　　　　　　　　　　　（　　）

（4）电枢反应不仅使合成磁场发生畸变，还使得合成磁场减小。　　　（　　）

（5）直流电机的电枢电动势的大小与电机结构、磁场强弱、转速有关。（　　）

（6）直流电动机的换向是指电枢绕组中电流方向的改变。　　　　　　（　　）

（7）直流电机的额定功率对发电机来讲是指输出的电功率，对电动机来讲是指输入的电功率。　　　　　　　　　　　　　　　　　　　　　　　　　　　　（　　）

（8）断续定额的直流电机不允许连续运行，而连续运行的直流电机可以断续运行。（　　）

（9）并励电动机励磁绕组匝数多，导线截面积大。　　　　　　　　　（　　）

（10）复励电动机两个绕组产生的磁通方向一致时称为积复励。　　　（　　）

三、选择题（将正确答案的序号填入括号内）

（1）直流电动机在旋转一周的过程中，某一个绕组元件（线圈）中通过的电流是（　　）。

　　A. 直流电流　　　B. 交流电流　　　　C. 互相抵消，正好为零

（2）在并励直流电动机中，为改善电动机换向而装设的换向极，其换向绕组（　　）。

　　A. 应与主极绕组串联

　　B. 应与电枢绕组串联

　　C. 应由两组绕组组成，一组与电枢绕组串联，另一组与电枢绕组并联

（3）直流电动机的额定功率 P_N 是指电动机在额定工作情况下长期运行所允许的（　　）。

　　A. 从转轴上输出的机械功率　　　B. 输入电功率　　　C. 电磁功率

（4）直流电动机铭牌上的额定电流是（　　）。

　　A. 额定电枢电流　　　B. 额定励磁电流　　　C. 电源输入电动机的电流

（5）在一个 4 极直流电动机中，N、S 表示主磁极的极性，n、s 表示换向极的极性。顺着转子的旋转方向，各磁极的排列顺序应为（　　）。

　　A. N—n—N—n—S—s—S—s

　　B. N—s—N—s—S—n—S—n

　　C. N—n—S—s—N—n—S—s

　　D. N—s—S—n—N—s—S—n

（6）一台他励直流发电机由额定运行状态转速下降到原来的 60%，而励磁电流、电枢电流都不变，则（　　）。

　　A. E_a 下降到原来的 60%

　　B. T 下降到原来的 60%

　　C. E_a 和 T 都下降到原来的 60%

D. 端电压下降到原来的 60%

(7)如果他励直流发电机转速上升 20%,则无载时发电机端电压升高(　　　)。

　　A. 20%　　　　　　　B. 小于 20%　　　　　　C. 大于 20%

(8)直流电机在旋转一周的过程中,某一个绕组元件(线圈)中通过的电流是(　　　)。

　　A. 直流电流　　　　　B. 交流电流

(9)直流电机的主磁场是指(　　　)。

　　A. 主磁极产生的磁场　　　B. 电枢电流产生的磁场　　　C. 换向极产生的磁场

(10)直流电机中的电刷是为了引导电流,在实际应用中常采用(　　　)。

　　A. 石墨电刷　　　　　B. 铜质电刷　　　　　C. 银质电刷

四、简答题

(1)有一台复励直流电动机,其出线盒标志已模糊不清,试问如何用简单的方法来判别电枢绕组、并励绕组和串励绕组?

(2)为什么直流电动机的定子铁芯用整块钢材料制成,而转子铁芯却用硅钢片叠成?

(3)写出直流电动机的功率平衡方程式,并说明方程式中各符号所代表的意义。式中哪几部分的数值与负载大小基本无关?

（4）直流电机电枢绕组中的电动势和电流是直流吗？励磁绕组中的电流是直流还是交流？为什么将这种电机叫直流电机？

（5）直流电机产生的电枢电动势，对于直流发电机和直流电动机来说，其所起的作用有什么不同？

（6）什么是直流电机的换向？研究换向有何实际意义？根据换向时电流变化的特点有哪几种形式的换向？哪种形式较理想？有哪些方法可以改善换向以达到理想的换向？

五、计算题

(1)有一台 100 kW 的他励电动机，$U_N = 220$ V，$I_N = 517$ A，$n_N = 1200$ r/min，$R_a = 0.05$ Ω，空载损耗 $\Delta P_0 = 2$ kW。试求：

① 电动机的效率 η；

② 电磁功率 P；

③ 输出转矩 T_2。

(2)一台并励直流电动机，铭牌数据为 $P_N = 96$ kW，$U_N = 440$ V，$I_N = 255$ A，$I_a = 5$ A，$n_N = 1550$ r/min，并已知 $R_a = 0.087$ Ω。试求：

① 电动机的额定输出转矩 T_N；

② 电动机的额定电磁转矩 T_{em}；

③ 电动机的理想空载转速 n_0。

应会部分

(1)会用伏安法测出直流电机的电枢电阻。

(2)能实现直流电动机的启动、调速、反转和停机。

实验 5.1　认识直流电机

一、实验目的

(1)认识直流电机实验所使用的电机、仪表、辅助器材等组件及其使用方法。

(2)熟悉实验电路结构,掌握直流电动机、直流发电机的接线方法。

(3)理解直流电动机、直流发电机实验主要内容。

二、实验仪器和设备

直流可调电源、直流电流表、直流电压表、万用表、转换开关、可变电阻器、他励直流电动机。

三、实验内容、原理和实验步骤

1. 测取直流电动机或直流发电机电枢绕组电阻值

电枢绕组电阻 R_a 是直流电机的一个重要参数。如图 5-1-1所示直流电机等效电路,当电动机稳态运行时,有电枢回路电动式平衡方程:$U_a = E_a + R_a I_a$。

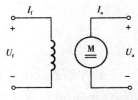

图 5-1-1 直流电机等效电路

用电动机铭牌数据可以估算 R_a 值:$R_a = (\frac{1}{2} \sim \frac{2}{3})\frac{U_N I_N - P_N}{I_N^2}$。也可以通过实验实测 R_a 值,本实验中采用伏安法测取。

实验所测电阻值是室温下冷态阻值,需要换算到基准工作温度下电阻值。铜导线参考工作温度 75℃下热态电阻 $R_{a75℃} = R_{aT}\frac{235+75}{235+T}$,式中 R_{aT} 表示室温 $T℃$ 下冷态电枢电阻。

(1)抄写直流电机铭牌数据,估算电枢绕组电阻 R_a,记录于表 5-1 中。

表 5-1　直流电机铭牌数据

电机编号	名　称	P_N	U_N	I_N	n_N	U_{fN}	I_{fN}
估算电枢绕组电阻 R_a							

按图 5-1-2 所示选择电源、仪表和变阻器,并按电路接线。检查无误后接通电枢电源,迅速测取直流电机 M 电枢两端电压 U 和电枢电流 I。拨动电机转轴,使之分别旋转约 1/3 周和约 2/3 周,再次测取 U、I 值记录于表 5-2 中,取二次测量的平均值作为实际冷态电阻值。

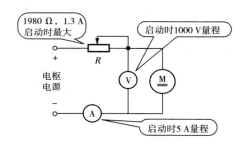

图 5-1-2 测电枢绕组直流电阻接线图

表 5-2　伏安法测取电枢电阻（电机：_____　室温：_____℃）

角度	$U(V)$	$I(A)$	$R(\Omega)$	$R_a(\Omega)$	$R_{a75℃}(\Omega)$
0°					
120°		（取约 0.2 A）			
240°					（取 4 位精度）
0°					
120°		（取约 0.1 A）			
240°					

2. 他励直流电动机运行实验

（1）启动：按图 5-1-3 接线，接通励磁电源，观察励磁电流 I_{fM}，调节励磁回路电阻 R_{fM}，使 I_{fM} 到额定值。再接通电枢电源，使电动机旋转起来，观察电枢电压 U_a、电枢电流 I_{aM}。将 U_a 调到额定值，再调节电枢回路电阻 R_{aM} 直至最小，然后短接，调节过程中注意观察转速 n 和电枢电流 I_{aM}。

（2）调速：调节 U_a、R_{aM}、R_{fM}，观察转速 n 的变化，记录在表 5-3 中。

（3）停机：先断开电枢电源，再断开励磁电源。将励磁回路调节电阻 R_{fM}、电枢回路调节电阻 R_{aM} 回位，为下次启动做好准备。

（4）反向：将电枢绕组（或励磁绕组）两端接线对调，重复（1）、（2）步骤，观察转向。

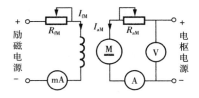

图 5-1-3　他励直流电动机运行实验接线图

表 5-3　他励直流电动机实验观察记录

序号	调　节	参数变化	转速变化
1	调节电枢电源	U_a：＿＿升高＿＿	
2		U_a：＿＿降低＿＿	
3	减小 R_{fM}	$I_{fM}(\Phi)$：＿＿＿＿	
4	加大 R_{fM}	$I_{fM}(\Phi)$：＿＿＿＿	
5	减小 R_{aM}	$I_{aM}(\Phi)$：＿＿＿＿	
6	加大 R_{aM}	$I_{aM}(\Phi)$：	

四、注意事项

(1)不能使励磁电流过小。励磁电流过小，则会导致转速过高，电枢过大，而产生严重故事。

(2)要注意电压表和电流表量程的选择，电压表为并接，电流表为串接，看清表的极性。

(3)停机时先断开电枢电源，再断开励磁电源。

(4)电机启动前要将串联的可变电阻器调到最大，以免造成过大启动电流。

五、实验报告

(1)电动机启动时，电枢回路调节电阻、励磁回路调节电阻应调到什么位置？为什么？

(2)用什么方法可以改变直流电动机的转向？

(3)为什么要求励磁回路接线要牢靠？启动时为什么电枢回路必须串联启动变阻器？

(4)发电机的端电压与哪些参数有关？分别是什么样的关系？

项目六 直流电动机的电力拖动

应知部分

(1)掌握他励直流电动机启动的方法和正确选择启动方式。

(2)掌握他励直流电动机反转的方法。

(3)掌握他励直流电动机的调速方法和正确选择调速方式。

(4)能够掌握能耗制动、反接制动和回馈制动的原理。

一、填空题

(1)他励电动机具有 ＿＿＿＿＿＿＿＿ 机械特性,当负载转矩增大时,转速下降＿＿＿＿＿＿＿＿,这种特性适用于＿＿＿＿＿＿＿＿比较大且不能＿＿＿＿＿＿＿＿的场合。

(2)他励直流电动机的人为机械特性包括＿＿＿＿＿＿＿＿、＿＿＿＿＿＿＿＿和＿＿＿＿＿＿＿＿。

(3)直流电动机的电气调速方法有三种:一是＿＿＿＿＿＿＿＿调速;二是＿＿＿＿＿＿＿＿调速;三是＿＿＿＿＿＿＿＿调速。

(4)直流电动机采用改变主磁通调速只能＿＿＿＿＿＿＿＿励磁实现调速,所以这种调速方法也叫＿＿＿＿＿＿＿＿调速。

(5)G－M系统的调速＿＿＿＿＿＿＿＿好,可实现＿＿＿＿＿＿＿＿调速,具有较好的＿＿＿＿＿＿＿＿、＿＿＿＿＿＿＿＿、＿＿＿＿＿＿＿＿和＿＿＿＿＿＿＿＿控制性能。

(6)当直流电动机负载大小和磁通不变,电枢两端电压与转速的关系是:电压＿＿＿＿＿＿＿＿,转速＿＿＿＿＿＿＿＿。因端电压不能超过额定值,故改变电源电压调速的转速只能＿＿＿＿＿＿＿＿。

(7)改变励磁回路电阻调速时,转速随主磁通的减小而＿＿＿＿＿＿＿＿,但最高转速常控制在＿＿＿＿＿＿＿＿倍额定转速以下。

(8)直流电动机机械制动常用的方法是＿＿＿＿＿＿＿＿,电力制动常用的方法有＿＿＿＿＿＿＿＿、＿＿＿＿＿＿＿＿和＿＿＿＿＿＿＿＿三种。

(9)保持直流电动机＿＿＿＿＿＿＿＿电流不变,将＿＿＿＿＿＿＿＿绕组的电源切除后,立即使其与＿＿＿＿＿＿＿＿连接成闭合回路,迫使电动机迅速停转的方法叫做能耗制动。

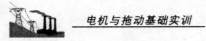

(10)位能负载时,转速反向法是强迫电动机的_____,使电动机的转速方向与电磁转矩的方向_____,以实现制动。

(11)反接制动时,当电动机转速降低至_____时,应及时_____,以防止电动机_____。

(12)直流电动机反转的方法有两种,一是_____反接法;二是_____反接法。并励直流电动机常采用_____反接法。

二、判断题(在括号内打"√"或打"×")

(1)并励电动机从空载增加到额定负载时转速下降不多。   (　　)

(2)并励直流电动机在空载或轻载运行时,如果励磁回路断开,会造成"飞车"事故。 (　　)

(3)使电动机的转速发生变化的过程称为调速。   (　　)

(4)改变励磁回路电阻调速法可自由地增大或减小转速,是一种应用范围非常广的调速方法。   (　　)

(5)只要切断直流电动机的电源,电动机就会在能耗制动下迅速停转。   (　　)

(6)电磁转矩与电枢旋转方向相反时,电动机处于制动运行状态。   (　　)

(7)电枢电动势大于电源电压时,直流电动机处于制动运行状态。   (　　)

三、选择题(将正确答案的序号填入括号内)

(1)直流电动机电枢回路串电阻调速只能使电动机的转速在额定转速(　　)范围内进行调节。

　　A. 以下　　　B. 以上　　　C. ±10%

(2)直流电动机通过改变主磁通调速只能使电动机的转速在额定转速(　　)范围内进行调节。

　　A. 以下　　　B. 以上　　　C. ±10%

(3)他励电动机改变电枢电压调速得到的人为机械特性与自然机械特性相比,其特性硬度(　　)。

　　A. 变软　　　B. 变硬　　　C. 不变

(4)运行着的他励直流电动机,当其电枢电路的电阻和负载转矩都一定时,若降低电枢电压后,主磁极磁通仍维持不变,则电枢转速将会(　　)。

　　A. 升高　　　B. 降低　　　C. 不变

(5)在要求有大的启动转矩、负载变化时转速允许变化的恒功率负载场合,宜采用(　　)直流电动机。

　　A. 串励　　　B. 并励　　　C. 他励

(6)直流电动机的能耗制动是指切断电源后,把电枢两端接到一只适宜的电阻上,此时电动机处于(　　)。

　　A. 电动机状态　　　　B. 发动机状态　　　　C. 惯性状态

(7)反接制动时电枢电流很大,这是因为(　　)。

　　A. 电枢反电动势大于电源电压

　　B. 电枢反电动势为"0"

　　C. 电枢反电动势与电源电压同方向

(8)他励直流电动机的反接制动是通过把正在运行的电动机的(　　)突然反接来实现的。

　　A. 励磁绕组　　B. 电枢绕组　　C. 励磁绕组和电枢绕组

(9)要改变直流电动机的转向,以下方法可行的是(　　)。

　　A. 改变电流的大小　　　B. 改变磁场的强弱　　　C. 改变电流方向或磁场方向

四、简答题

(1)直流电动机的调速方法有哪几种? 分别比较其优缺点。

(2)比较直流电动机各种电气制动的优缺点及使用场合。

(3)他励直流电动机为什么常采用电枢反接法来实现反转?

应会部分

(1)能通过实验数据画出他励直流电动机的机械特性曲线。

(2)能实现直流电动机的调压调速和弱磁调速。

实验 6.1　他励直流电动机调速特性的研究

一、实验目的

(1)研究他励直流电动机的调压调速特性。

(2)研究他励直流电动机的调磁调速特性。

二、实验电路和实验设备

1. 实验电路图

实验电路如图 6-1-1 所示。

2. 实验设备

(1)三相可调电源、可调直流电源、可变电阻器、电压表、电流表。

(2)他励直流电动机-永磁测功机机组。

(3)万用表。

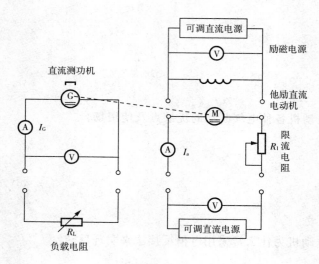

图 6-1-1

三、实验内容和实验步骤

(1)他励直流电动机的调压调速特性的研究,包括两个方面的内容:

① 对某恒定转矩负载,改变电枢电压 U_a 来实现调节转速 n 的特性,即 T_L＝恒量,$n＝f(U_a)$ 的一簇曲线。它属恒转矩调速。

② 调压调速时的机械特性。

(2)他励直流电动机的调磁调速特性的研究,也包括两方面的内容:

① 在恒定电枢电压(一般为额定电压,即 $U_a＝U_{aN}＝110 \text{ V}$)条件下,改变励磁电流来调

节转速(主要是弱磁升速)。在电路中,使 $P_L = 120$ W(保持恒量),保持电枢电压 $U_a = U_{aN} = 110$ V 不变,分挡减少励磁电压 U_F,使 U_F 由 120 V、110 V(U_{FN})、100 V、90 V、80 V 逐步减小,此时电机转速 n 将相应增加。若负载转矩不变,则输出的机械功率将超过额定值,它将导致电动机的电枢电流超过额定值,电机发热严重,这是不允许的。为此,在弱磁升速时,要使电机的功率不超过额定值,必须人为地降低负载转矩 T_L。这意味着,弱磁升速是在恒功率条件下进行的,即它属恒功率调速。将实验数据记录于表 6-1 中。

表 6-1 他励直流电动机调磁调速特性 $n = f(T_L)$

励磁电压 U_F(V)	120	110	100	90	80
励磁电流 I_F(A)					
转速 n(r/min)					

② 在弱磁条件下他励直流电动机的机械特性的研究。在图 6-1-1 中,使 $U_a = U_{aN} = 110$ V,$U_F = 0.73U_{FN} = 80$ V,重做实验(1)中的第②项实验。将实验数据记录于表 6-2 中。

表 6-2 他励直流电动机弱磁条件下的机械特性 $n = f(T_L)$

测功机电流 I_G(A)	0								
电枢电流 I_a(A)									I_{LN}
机械转矩 T_L(mN·m)									
转速 n(r/min)									

四、实验注意事项

(1)在降低电压时,特别要注意,不能使励磁电流过小。励磁电流过小,会导致转速过高,电枢过大,而产生严重事故。

(2)测功机作为直流电动机使用,启动时,先把启动限流电阻调节器调至最大,以限制启动电流。

(3)实验时,需要注意机组的运转是否平滑,有无噪音(若振动过大,则表明机组对接不同心,要重新调整)。

(4)负载电阻由可调电阻串联组合而成,要注意它们的载流量。

(5)要注意电压表和电流表的选择,电压表为并接,电流表为串接,不要搞错。

五、实验报告

(1)根据弱磁调速特性实验数据,在坐标纸上,以励磁电流为横轴,转速 n 为纵轴,画出调磁调速特性 $n = f(T_L)$ 曲线。从理论上分析,这近似哪一类圆锥曲线,并分析为什么通常不采用弱磁降速的方案。

(2)分析调压调磁两种调速方案各有哪些优缺点,各用在什么场合。

(3)根据弱磁条件下的机械特性实验数据,在坐标纸上,画出机械特性 $n = f(T_L)$ 曲线。

项目七 其他驱动与控制电机及其应用

应知部分

(1)了解单相异步电动机的特点和用途。

(2)熟悉单相异步电动机的工作原理和机械特性。

(3)了解单相异步电动机的类型、启动方法和应用场合。

(4)掌握同步电动机的工作原理和几种启动方法。

(5)掌握控制系统对伺服电动机、步进电机和测速发电机的要求。

(6)掌握伺服电动机、步进电机和测速发电机的结构和基本工作原理。

一、填空题

(1)单相罩极电动机的主要特点是_____、方便、成本低、运行时噪声小、维护方便。罩极电动机的主要缺点是启动性能及运行性能较差,效率和功率因数都较低,方向_____改变。

(2)如果在单相异步电动机的定子铁芯上仅嵌有一组绕组,那么通入单相正弦交流电时,电动机气隙中仅产生_____磁场,该磁场是没有_____的。

(3)单相电容运行电动机的结构_____、使用维护方便、堵转电流小、有较高的效率和功率因数,但启动转矩较_____,多用于电风扇、吸尘器等。

(4)电容启动电动机具有_____的启动转矩(一般为额定转矩的 1.5～3.5 倍),但启动电流相应增大,适用于_____启动的机械,如小型空压机、洗衣机、空调器等。

(5)改变电容分相式单相异步电动机转向的方法是_____。

(6)定子绕组 Y 接法的三相异步电动机轻载运行时,若一相引出线突然断掉,电机继续运行。若停下来后,再重新通电启动运行,电机_____。

(7)三相反应式步进电动机送电方式为 A－B－C－A 时,电动机顺时针转,步距角为 1.5°,请填入正确答案。

A. 顺时针转,步距角为 0.75°,送电方式应为_____。

B. 逆时针转,步距角为 0.75°,送电方式应为_____。

C. 逆时针转,步距角为 1.5°,送电方式可以是_____,也可以是_____。

(8) 测速发电机是一种检测元件,它能将_____变换成_____。

(9) 异步测速发电机在转子不动时类似于一台_____,由于磁通的方向与输出绕组的轴线垂直,因而输出绕组的输出电压等于_____。

(10) 伺服电动机也称_____,它具有一种服从_____的要求而动作的职能。

(11) 交流伺服电动机定子上装有两个绕组,它们在空间上相差_____,一个是由定值交流电压励磁,称为励磁绕组;另一个是由伺服放大器供电而进行控制的,称为_____。

(12) 交流伺服电动机运行时,励磁绕组固定地接到交流电源上,通过改变控制绕组上的_____来控制_____。

(13) 交流伺服电动机的控制方法有_____、_____和_____三种。

(14) 步进电动机也称_____,它是把输入的_____转变为_____的控制电机。

(15) 步进电动机按励磁方式可分为_____、_____和感应子式(混合式)三类。步进电动机转动的方向取决于_____控制绕组的通电顺序。

(16) 通常把由一种通电状态转换为另一种通电状态称为一拍,每一拍转子转过的角度叫做_____,其大小与转子齿数 Z_R 和拍数 N 间的关系式为_____。

二、判断题(在括号内打"√"或打"×")

(1) 气隙磁场为脉动磁场的单相异步电动机能自行启动。　　　　　　　　　(　　)

(2) 单相罩极异步电动机具有结构简单、制造方便等优点,所以广泛应用于洗衣机中。　(　　)

(3) 单相电容启动异步电动机启动后,当启动绕组开路时,转子转速会减慢。　(　　)

(4) 单相电容运行异步电动机因其主绕组与副绕组中的电流是同相位的,所以叫做单相异步电动机。　　　　　　　　　　　　　　　　　　　　(　　)

(5) 空心杯转子伺服电动机的转动惯量较小,响应迅速。　　　　　　　(　　)

(6) 测速发电机不仅可以作为速度检测元件,还可以作拖动电动机使用。　(　　)

(7) 步进电动机输入通常为脉冲信号,输出的转角通常是连续的转动。　(　　)

三、选择题(将正确答案的序号填入括号内)

(1) 目前,国产洗衣机中广泛应用的单相异步电动机大多属于(　　)。

　A. 单相罩极异步电动机

　B. 单相电容启动异步电动机

　C. 单相电容运行异步电动机

(2) 交流伺服电动机的转子电阻较大是为了(　　)。

　A. 降低转速

B. 避免自转现象

C. 减小重量

（3）测速发电机的输出特性是指（　　　）。

    A. 输出电流与转速之间的关系

    B. 输出电压与转速之间的关系

    C. 输出功率与转速之间的关系

（4）对于三相双三拍运行方式的步进电动机，（　　　）。

    A. 每个通电状态都有两相控制绕组同时通电

    B. 每个通电状态都有三相控制绕组同时通电

    C. 通电状态是两相控制绕组同时通电和三相控制绕组同时通电的交替工作

四、简答题

（1）简述单相电容运行异步电动机的启动原理。

（2）同步电动机主要由哪几个部分组成？

（3）试比较两相、三相交流绕组所产生磁通的相同点和主要区别。它们与直流绕组所产生的磁通又有什么不同？

（4）一台单向电容运转式台式风扇通电时有振动，但不能转动，如用手正拨或反拨扇叶时，则都会转动且转速较高，这是为什么？

（5）同步电动机有哪几种启动方法？启动时需注意哪些问题？

（6）同步电动机有哪几种调速方法？

（7）测速发电机的主要功能是什么？按用途不同，对其性能分别有什么要求？

(8)交流伺服电动机的自转现象指的是什么？怎样消除自转现象？

(9)什么叫做步进电动机的拍？三相单三拍运行的含义是什么？

应会部分

(1)能熟练接电容式单相异步电动机。

(2)能实现电容式单相异步电动机的调速和反转。

(3)能实现同步电动机的异步启动,理解 V 形曲线的物理意义。

实验 7.1 电容分相式单相异步电动机工作特性的研究

一、实验目的

(1)测定电容分相式单相异步电动机的工作特性。

(2)掌握电容分相式单相异步电动机的启动、调速和反向控制。

二、实验电路与实验设备

1. 实验电路

实验电路如图 7 – 1 – 1 所示。

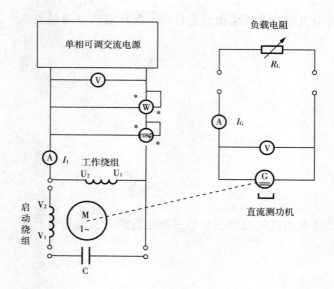

图 7-1-1　电容分相式单异步电动机实验电路

图 7-1-1 中 G 为永磁直流测功机,其接线见实验三测功机接线图。图中 M 为电容分相式单相异步电动机,U_1-U_2 为工作绕组(又称主绕组),V_1-V_2 为启动绕组(又称副绕组),C 为分相电容器。

2. 实验设备

(1)三相可调电源、可变电阻器、电压表、电流表。

(2)电容分相式单相异步电动机-直流测功机机组。

(3)万用电表一只。

三、实验内容与实验步骤

(1)按照图 7-1-1 所示实验电路进行接线,接上启动绕组与分相电容,接上交流功率表与功率因数表(注意同名端接线),注意将测功机限流电阻置于最大处。

(2)将单相可调电源电压调至单相异步电动机的额定电压 $U_1=U_{1N}=220$ V。断开开关,将单相异步电动机接入单相交流电源。

(3)分挡(8 挡)调节测功机输出电流 I_G,调节负载阻力转矩 T_L,使电动机从空载至满载进行运转(I_G 由 0 调至使电动机电流达到额定值),同时测得对应的机械转矩 T_L、转速 n、机械功率 P_L、电流 I_1、电功率 P_e 以及功率因数 $\cos\varphi$,并由上述数据计算出对应的电机效率 η($\eta=\dfrac{P_L}{P_e}\times100\%$),记录于表 7-1 中。

表 7 - 1　$U_1 = U_{1N} = 220$ V 时，单相电容分相式异步电动机工作特性

测功机电流 I_G (A)	0							
电动机电流 I_1 (A)								I_{1N}
功率因数 $\cos\varphi$								
机械转矩 T_L (mN・m)								
转速 n (r/min)								
机械功率 P_L (W)								
电功率 P_e (W)								
电机效率 η (%)								

（4）在电动机转动时，将启动绕组断开，观察电动机能否维持运转。再次启动，观察电动机启动情况（能否启动）。

（5）将启动绕组反接，观察电动机的转向（观察是否反转）。

（6）使电动机的阻力转矩保持在 $0.8T_{LN}$（调节测功机输出电流 I_G），调节电源电压，使 $U_1 = 220$ V、200 V、180 V、140 V 和 100 V，在表 7 - 2 中记录对应的转速。

表 7 - 2　$T_L = 0.8T_{LN}$ 时，单相异步电动机调压调速特性

电压 U_1 (V)	200						100
转速 n (r/min)							

四、实验注意事项

（1）本实验中，测功机与三相异步电动机对接时要特别注意两个电机中心轴要对准并在同一直线上，否则会形成轴向扭曲、阻力增大，且会产生振动。

（2）由于本实验中，使用的电表较多，要注意它们是交流电表还是直流电表。对直流电表要注意它的极性。对功率表及功率因数表，要注意电压线圈和电流线圈同名端（＊）的接法，不要搞错。并要注意正确选择量程和正确读数。

（3）测功机启动时要注意将限流电阻置于最大值，启动后再将它短路。

（4）注意异步电动机的转向（通过互换进线相序调节），要使测功机外壳朝压向力传感器的方向转动。

（5）电动机堵转时，为减小堵转电流，要降低外加电压，且堵转实验时间不宜过长，以免电动机过度发热。

五、实验报告

（1）根据实验内容与实验步骤（3）所得的实验数据，在同一张坐标纸上，以机械功率 P_L 为横坐标，电流 I_1、功率因数 $\cos\varphi$、转速 n 及电动机效率 η 为纵坐标，分别画出 $I_1 = f(P_L)$、$n = f(P_L)$、$\cos\varphi = f(P_L)$ 和 $\eta = f(P_L)$ 四条特性曲线。它们构成单相异步电动机的工作特性。

（2）根据实验内容与实验步骤（3）所得实验数据，在坐标纸上，以机械转矩 T_L 为横坐标，电机转速 n 为纵坐标，画出在额定电压 $U_1 = U_{1N} = 220\ V$ 条件下的机械特性曲线 $n = f(T_L)$。

（3）由实验内容与实验步骤（6）所得实验数据，分析单相异步电动机调压调速方案和特点。

（4）说明改变单相异步电动机转向的方法。

（5）说明改善单相异步电动机启动性能的常用方法。

（6）分析比较单相异步电动机与三相异步电动机工作特性与机械特性的异同点。

实验7.2　三相同步电动机工作特性的研究

一、实验目的

(1)掌握三相同步电动机的异步启动方法。

(2)了解三相同步电动机 V 形曲线的研究。

二、实验电路与实验设备

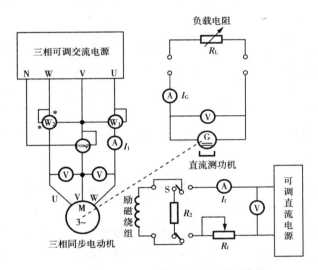

图 7-2-1　三相同步电动机实验电路图

1. 实验电路如图

实验电路如图 7-2-1 所示,图中三相同步电动机的三相定子绕组接成△形。

2. 实验设备

(1)三相可调电源、可变电阻器、电压表、电流表。

(2)三相同步电动机-直流测功机机组。

(3)万用表一只。

三、实验内容与实验步骤

(1)按照图 7-2-1 所示实验电路进行接线。

(2)由于同步电动机启动转矩为零,所以要设法进行启动。常用的办法之一是采用异步启动法,即将励磁绕组经外接电阻构成回路,这样磁极绕组变成相当于异步电动机的绕线转子,从而实现异步启动。待电机启动运转接近同步转速时,再以开关切换接到直流励磁电源。在图 7-2-1 中,先将开关 S 投向外接电阻 R_2(其阻值约为励磁绕组电阻的 10 倍),待电机正常运转后,再将开关 S 投向励磁电源,使同步电动机正常运转。

(3)测定同步电动机的 V 形曲线 $I_1=f(I_F)$

先使同步电动机处于空载状态($I_G=0$)。调节励磁电源电压或励磁回路电阻 R_f，使电动机的功率因数 $\cos\varphi=1$，记下对应的励磁电流值 I_{F0} 和电机线电流 I_1（填在表的中间部分）。然后由 I_{F0} 出发，分挡（4 挡）逐渐增大 I_F，使电机线电流 I_1 增大到额定值，记录下对应的 I_F 与 I_1，以及 P_1 与 P_2（由中间向右填）。然后，再从 I_{F0} 出发，分挡（4 挡）逐渐减小 I_F，使电动机线电流 I_1 增大到额定值。记录下对应的 I_F 及 P_1 与 P_2（由中间向左填）。计算电动机吸取的电功率 $P_e=P_1+P_2$，把计算的结果填入电功率 P_e 框内。

电动机空载 $P_e=P_{emin}$，$I_G=0$，$P_L\approx0$，$U_1=220\ \text{V}$，同步电动机 V 形曲线的测定如下表：

励磁电流 I_F(A)			I_{F0}				
线电流 I_1(A)							
功率因数 $\cos\varphi$			1.0				
P_1(W)							
P_2(W)							
电功率 P_e(W)							

(4)调节测功机输出电流 I_G，使 $P_e=1/2P_{eN}$（P_{eN} 为电动机额定电功率），重做上述实验。

四、实验注意事项

(1)同步电动机启动时，会有较大的冲击电流，为安全起见，应将电流表、功率表电流线圈及功率因数表电流线圈短接，以免伤及仪表。

(2)本实验中，测功机与三相异步电动机对接时要特别注意两个电机中心轴要对准并在同一直线上。否则会形成轴向扭曲、阻力增大，且会产生振动。

(3)由于本实验中，使用的电表较多，要注意它们是交流电表还是直流电表。对直流电表要注意它的极性；对功率表及功率因数表，要注意电压线圈和电流线圈同名端（＊）的接法，不要搞错。并要注意正确选择量程和正确读数。

(4)测功机启动时要注意将限流电阻置于最大值，启动后再将它短路。

五、实验报告

(1)说明同步电动机异步启动方法的要点。指出同步电动机的其他启动方法。

（2）根据实验步骤（3）和（4）的实验数据，在同一坐标纸上，画出线电压 $U_1=220\text{ V}$，$P_L\approx0$ 和 $P_L=1/2P_N$ 时，以励磁电流 I_F 为横坐标，电机线电流 I_1 与功率因数 $\cos\varphi$ 为纵坐标的 V 形曲线，即 $I_1=f(I_F)$ 及 $\cos\varphi=f(I_F)$ 各两条曲线。

（3）由同步电动机的 V 形曲线和 $\cos\varphi=f(I_F)$ 曲线，说明同步电动机的特点与用途。

项目八 电动机的选择

应知部分

(1)了解电动机发热过程和冷却过程的特点。

(2)掌握电动机选择的基本理论和电机工作制。

(3)掌握连续工作方式下电动机额定功率选择的一般步骤。

一、填空题

(1)电动机种类选择时应考虑的主要内容有 _____、_____、_____、_____、_____等方面。

(2)电动机的结构形式有_____、_____、_____、_____等几种。

(3)电动机额定功率的选择步骤是_____、_____、_____、_____等。

(4)用于电动机制造上的绝缘材料等级有_____、_____、_____、_____、_____等。

二、判断题(在括号内打"√"或打"×")

(1)在满足性能的前提下应优先采用直流电动机。　　　　　　　　　　(　)

(2)防爆式电动机可以避免电动机爆炸。　　　　　　　　　　　　　(　)

(3)负载电流越大电动机的稳定温升就越高。　　　　　　　　　　　(　)

(4)电动机的工作制是根据发热特点的不同进行划分的。　　　　　　(　)

(5)电动机的维护就是通过听、看、闻、摸等手段随时注意电动机的运行状态。　(　)

(6)电动机绕组短路或接地是电动机转动时噪声大或振动大的原因之一。　(　)

三、选择题(将正确答案的序号填入括号内)

(1)额定功率相同的电动机,(　)。

　　A. 额定转速越高,体积就越小

　　B. 额定转速越高,体积就越大

C. 体积与额定转速没有关系

(2)200 kW 及以下的电动机通常选用(　　)电压等级。

 A. 6000 V   B. 3000 V   C. 380 V

(3)电动机在工作时,希望实际工作温度(　　)

 A. 略微超过长时允许最高温度

 B. 小于但接近于长时允许最高温度

 C. 大约为长时允许最高温度的一半

(4)同一台电动机(　　)。

 A. 带长时工作负载能力比带短时工作负载的能力强

 B. 带长时工作负载能力比带短时工作负载的能力弱

 C. 带长时工作负载能力比带周期断续工作负载的能力强

(5)开启式电动机适用于(　　)的工作环境。

 A. 清洁、干燥 B. 灰尘多、潮湿、易受风雨 C. 有易燃、易爆气体

(6)适用于有易燃、易爆气体工作环境的是(　　)电动机。

 A. 防爆式 B. 防护式 C. 开启式

四、简答题

(1)简述短时工作制的工作特点和定额指标。

(2)简述周期断续工作制的工作特点和定额指标。

(3)选择电动机时为什么要进行过载能力和启动能力的校验?

（4）电动机额定功率修正的原因是什么？

应会部分

（1）会对三相异步电动机进行发热校验和过载校验。

（2）掌握三相异步电动机常见故障检修。

实验 8.1　三相异步电动机故障检修

一、实验目的

（1）掌握三相异步电动机定子绕组故障检修一般方法。

（2）掌握三相异步电动机转子绕组故障检修一般方法。

二、实验工具和量具

兆欧表、万用表、钳形电流表、速表、榔头、打板、划线板、压线板、刮线刀、清槽刀、塞尺、钢板尺、半径量规、游标卡尺、外径千分尺。

三、实验内容与实验步骤

1. 三相异步电动机定子绕组故障检修

（1）绕组受潮、绝缘电阻偏低

原因：电动机长期停用或贮存，受周围的潮湿空气、雨水、腐蚀性气体及油污等侵入，使绕组表面吸附一层导电物质，导致绝缘电阻降低。

修理方法：干燥处理，然后进行一次侵漆和烘干。

（2）绕组接地故障

检测方法：把各相绕组的线端连接片拆开，逐相检查是否有接地处，用测电笔接触电动机外壳，如果测电笔的氖灯发亮，则说明绕组有接地处。

修理方法：将绕组包扎好，涂上绝缘漆烘干；接地处发生在两头碰触端盖，则可用绝缘物衬在端盖上；更换部分接地绕组。

（3）绕组短路故障

检测方法：仔细观察绕组有无烧坏的痕迹和有无浓厚的焦味；用电压表测量每个极向绕组两端的电压，如读数较小，则说明有短路线圈存在；用电桥或万用表分别测量各相绕组的直流电阻，电阻值小的为短路相（电阻法）。

修理方法：将短路处绝缘重新处理，将短路线圈废弃跨接，重新更换绕组。

（4）绕组断路故障

检测方法：用万用表的电阻挡，将表笔分别接触电动机引线端子板上三相绕组，即可查出短路绕组的断路相。

修理方法：如发生在定子槽外部的导线接头处，将导线重新接好焊牢；如发生在定子槽内，需把线圈拆除，重新绕制。

（5）绕组接错故障

检测方法：将电动机转子抽出，在定子绕组内通入三相低压交流电源，用一个钢球放入电动机的铁芯内，如果钢球能沿定子内腔旋转，表明绕组接线正确，若钢球被吸引住不动，则说明绕组接线错误。

修理方法：知道绕组接线有误后，可将定子绕组的连接线拆开，按照接线图重新接好后焊牢即可。

（6）极相组嵌反或接反

检测方法：电动机不能启动或者转速明显减慢，同时，三相电流增大而不平衡，电动机有异常声音、振动和局部发热。

修理方法：细心核对每个极相组的首尾端放置是否一致，同一个极相组的几个线圈间的连接必须按顺序嵌放，如果有嵌反或接反的现象，必须重新连接。

（7）绕相首尾接错

检测方法：首先将三相绕组任意连接，然后将万用表旋转至"mA"挡，两笔分别与绕组并联后的两个端点连接。转动转子，如指针往返摆动，则说明三相绕组的首尾端接错。

修理方法：知道绕组首尾接错后，可将定子绕组的连接线拆开，调整方向重新接好后焊牢即可。

2．三相异步电动机转子绕组故障检修

（1）断条故障检修

检测方法：①仔细观察铁芯表面，若有裂纹或者过热变色即是断条处，常在槽口附近。②铁粉显示法：在转子端环两端通入电流，将铁粉末撒在转子上，如转子铁芯表面的铁粉整齐地按槽的方向排列则说明槽笼条没有断裂，反之断裂。③电流检测法：定子绕组通入三相低压电源，在某一相中串入电流表，用手将转子慢慢转动，若断裂，指针将会发生较大的周期性变化。

修理方法：①如果断裂发生在端环或者槽外以及其他明显部位时，可将裂纹凿成"V"形槽,用气焊进行修补。②铜制笼的个别笼条,可把断条的端环两端开一缺口,凿去一边端环部分,将断条处敲出,换上一条与原来截面相同的新笼条,并要长出断环 15～20 mm,将伸出部分敲弯紧贴在短路环上,然后用气焊焊牢,用车床车光,校正平衡即可。③如果是铸铝笼条断条时,也可将断条钻掉,把槽清理干净,做一根与槽形状相同的铝条打入槽内,再用铝焊粉把铝条与端环用气焊焊牢即可。④若转子笼条断裂较多,则应全部更换。先车去两头端环,用夹具将铁芯夹紧,以防铁芯松散。

(2)转子绝缘下降

加强电刷架的日常维护与定期清扫工作,干燥处理。

(3)转子并接头铜套开焊

重新焊接开焊铜套局部或全部更换绕组。

四、实验注意事项

(1)拆卸电动机时要轻拿轻放,不要碰伤绕组绝缘。

(2)要正确使用工量具,仔细查找故障原因,合理修复,不要人为制造故障。

(3)在使用焊接工具时,要按操作工艺来使用,注意安全。

五、实验报告

(1)三相异步电动机常见故障有哪些? 故障发生原因是什么? 如何修理?

附 电气控制电路

电气控制电路概述

对现场电气技术人员来说，面对电气控制电路，主要是读懂电气电路图，按图接线、调试，以及排除可能出现的故障。现对这三个方面的要求作简要说明。

一、电气原理图的阅读分析方法

电气原理图阅读分析的基本原则是：化整为零、顺藤摸瓜、先主后辅、集零为整、安全保护、全面检查。最常用的方法是查线分析法，即采用化整为零的原则，先以某一电动机或电器元件（如接触器或继电器线圈）为对象，从电源开始，自上而下，自左而右，逐一分析其接通、断开关系（逻辑条件），并区分出主令信号、联锁条件、保护要求。根据"图区坐标标注"的检索和"控制流程图"的方法，可以方便地分析出各控制条件与输出结果之间的因果关系。下面简要介绍一下电气原理图具体的分析方法与步骤。

（1）分析主电路。无论电路设计还是电路分析都是先从主电路入手。主电路的作用是保证整机拖动要求的实现。从主电路的构成可分析出电动机或执行电器的类型、工作方式以及启动、转向、调速、制动等控制要求与保护要求等内容。

（2）分析控制电路。主电路各控制要求是由控制电路来实现的，运用"化整为零"、"顺藤摸瓜"的原则，将控制电路按功能划分为若干个局部控制电路，从电源和主令信号开始，经过逻辑判断，写出控制流程，以简洁明了的方式表示出电路的自动工作过程。

（3）分析辅助电路。辅助电路包括执行元件的工作状态显示、电源显示、参数测定、照明和故障报警等。这部分电路具有相对独立性，起辅助作用但又不影响主要功能。辅助电路中很多部分是由控制电路中的元件来控制的。

（4）分析联锁与保护环节。生产机械对安全性、可靠性有很高的要求，要实现这些要求，除了合理地选择拖动、控制方案外，在控制电路中还设置了一系列电气保护和必要的电气联锁。在电气控制原理图的分析过程中，电气联锁与电气保护环节是一个重要内容，不能遗漏。

（5）分析特殊控制环节。在某些控制电路中，还设置了一些与主电路、控制电路关系不密切而相对独立的特殊环节，如产品计数装置、自动检测系统、晶闸管触发电路、自动调温装置等。这些部分往往自成一个小系统，其读图分析的方法可参照上述分析过程，并灵活运用所学过的电子技术、变流技术、自控原理、检测与转换等知识逐一分析。

（6）总体检查。经过"化整为零"，逐步分析了每一局部电路的工作原理以及各部分之间的控制关系之后，还必须用"集零为整"的方法检查整个控制电路，看是否有遗漏。特别要从整体角度去进一步检查和理解各控制环节之间的联系，从而正确理解原理图中每一个电气元器件的作用、工作过程及主要参数。

二、按图连接电气电路

电气接线的原则与分析电气电路的过程是一致的，即由主电路（含联锁和保护单元）→控制电路→辅助电路→特殊控制单元电路。接完后再进行复查，检查有无遗漏与接错。

（1）对主电路，则逐次认定电动机（或其他用电器），先从第一个电动机开始，按电源→开关 QF→熔断器 FU→接触器 KM_1→热继电器 FR→电动机顺序进行。若需正反转运行，则将 KM_1 主触点并接 KM_2（一般 KM_2 主触点与 KM_1 主触点 U、W 相互换，而 V 相保持相同）。然后采用同样的顺序对第二个、第三个电动机的主电路进行接线。

（2）对控制电路，则认定接触器线圈，先从第一个接触器线圈开始，采用先串后并的方式，即从控制电源一端开始，经熔断器再经一个控制触点，直到接触器线圈，再经熔断器，接电源线的另一端点，然后再并接其他触头（如自锁触头、延时触头等）。待一路控制电路完全接通后，再并接其他控制电路。

（3）对其他辅助电路，同样采用先串后并的方式，根据其功能逐一完成接线。

三、调试与排除可能出现的故障

调试前，必须对已接好的电路全面复查一遍，确定无误后，方能合闸通电。调试时，可能出现的是以下三大类故障：

（1）断路——可能原因：熔丝烧断、导线断、漏接（未能形成通路）、电器触头烧坏等。

（2）短路——可能原因：线接错，多余接线，线圈烧坏（短路）。

（3）漏接——可能原因：漏接电器、触头、导线。

排除故障的方法是根据故障现象，分析并列出可能的原因，然后逐一检验，缩小搜索范围，最后找出故障原因，改正差错，排除故障。

综上所述，要迅速排除故障，不仅需要熟悉电气电路，掌握它的工作原理与工作过程，还要增强分析能力，不断积累经验，唯有这样才能真正掌握电气控制技术。

典型电气控制电路

实验(一)　三相异步电动机连续(自锁)运转控制电路

一、实验目的

(1)掌握三相异步电动机连续(自锁)运转电路的工作原理。

(2)熟悉自锁、失压、欠压、过载和短路等保护环节的应用。

(3)掌握典型电气控制电路的接线方法、调试过程,排除出现的故障。

二、实验电路与实验设备

1. 实验电路

实验电路如图如附图1-1所示。

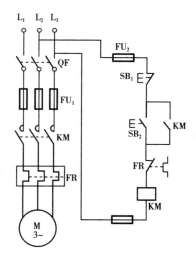

附图1-1　三相异步电动机连续(自锁)运转控制电路

2. 实验设备

(1)三相电源、按钮、接触器、熔断器、热继电器。

(2)三相异步电动机。

(3)万用表。

三、实验内容和实验步骤

(1)按照附图1-1所示电路进行接线,注意熔断器熔芯容量,并调整热继电器的整定电流(与电动机额定电流相等)。接线后,再根据前面所述方法,进行检查。确定无误后,合上电源开关QF,接通220 V三相交流电源。

(2)按下 SB_2，观察并记录电动机 M 的转向、各触点的吸断情况。

(3)按下 SB_1，观察并记录电动机 M 的转向、各触点的吸断情况。

(4)若在上述实验中，发现故障，则应在 15 分钟内排除故障。

四、实验注意事项

(1)在实验前，要检查电动机能否灵活转动(不能卡死)。

(2)注意整定热继电器的"整定电流"值(与所保护的电动机的额定电流相等)。

(3)接线、查线与拆线时，必须断开电源。

(4)合闸后，不论是否通电，均不允许用手去触摸带电体、通电导线与通电器件。

(5)合闸时，必须保证实验小组全体成员知晓，以免某些成员不慎触电。

(6)发生短路烧掉熔芯后，必须查找原因，排除故障，不能贸然再次合闸。

(7)当三相异步电动机启动时，发现电机有嗡嗡声，但不转动，表明三相中缺一相，处于单相运行状态，必须立即断开电源开关，查找原因。

五、实验报告

(1)画出实验电路图。

(2)写出控制原理流程。

实验(二)　三相异步电动机正反转控制电路

一、实验目的

(1)掌握三相异步电动机正反转控制电路的工作原理。

(2)熟悉自锁、互锁、过载和短路等保护环节的应用。

(3)掌握典型电气控制电路的接线方法、调试过程，排除出现的故障。

二、实验电路与实验设备

1. 实验电路

实验电路如附图 2-1 所示,由于供电电压为 220 V/127 V,即线电压 $U_1 = 220$ V,三相异步电动机接成 Y 形。

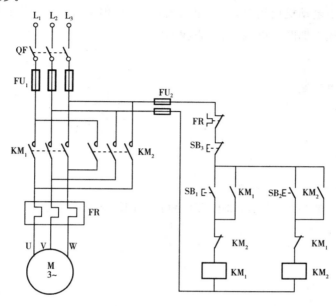

附图 2-1　三相异步电动机正反转控制电路

2. 实验设备

(1)三相电源、按钮、接触器、熔断器、热继电器。

(2)三相异步电动机。

(3)万用表。

三、实验内容和实验步骤

(1)按照附图 2-1 所示电路进行接线,注意熔断器熔芯容量,并调整热继电器的整定电流(与电动机额定电流相等)。接线后,再根据前面所述方法进行检查。确定无误后,合上电源开关 QF,接通 220 V 三相交流电源。

(2)按下 SB_1,观察并记录电动机 M 的转向、各触点的吸断情况。

(3)按下 SB_3,观察并记录电动机 M 的状态、各触点的吸断情况。

(4)按下 SB_2,观察并记录电动机 M 的转向、各触点的吸断情况。

(5)若在上述实验中,发现故障,则应在 15 分钟内排除故障。

四、实验注意事项

(1)在实验前,要检查电动机能否灵活转动(不能卡死)。

(2)注意整定热继电器的"整定电流"值(与所保护的电动机的额定电流相等)。

(3)接线、查线与拆线时,必须断开电源。

(4)合闸后,不论是否通电,均不允许用手去触摸带电体、通电导线与通电器件。

(5)合闸时,必须保证实验小组全体成员知晓,以免某些成员不慎触电。

(6)发生短路烧掉熔芯后,必须查找原因,排除故障,不能贸然再次合闸。

(7)当三相异步电动机启动时,发现电机有嗡嗡声,但不转动,表明三相中缺一相,处于单相运行状态,必须立即断开电源开关,查找原因。

五、实验报告

(1)画出实验电路图。

(2)说明接线步骤(以→表示,如电源 L→QF→FU$_1$→…)。

(3)说明熔芯规格的选择原则和热继电器整定电流的确定原则。

(4)简述心得体会。

实验(三) 工作台自动往返循环控制电路

一、实验目的

(1)掌握工作台自动往返循环控制电路的工作原理。

(2)熟悉行程开关在控制电路中的作用。

（3）了解行程控制在机床电气控制电路中的应用。

二、实验电路与实验设备

1. 实验电路

实验电路如附图 3-1 所示。

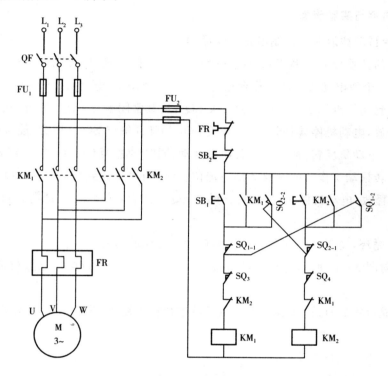

a）往返行程控制电路图

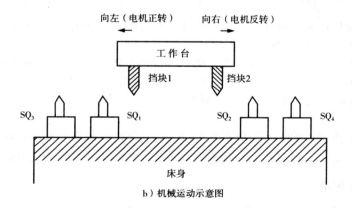

b）机械运动示意图

附图 3-1　工作台自动往返循环控制电路

由于未设置机械运动机构，行程开关的动作只能由实验者用手进行模拟。

2．实验设备

(1)三相电源、按钮、接触器、熔断器、热继电器、行程开关。

(2)三相笼式异步电动机。

(3)万用表。

三、实验内容与实验步骤

(1)工作台自动往返循环控制电路工作原理：

当工作台的挡块停在行程开关 SQ_1 和 SQ_2 之间任何位置时，可以按下启动按钮 SB_1 或 SB_2 中的任何一个使电动机带动工作台运行。例如按下 SB_1，电动机正转，带动工作台左进。

当工作台到达终点挡块 1 压住行程开关 SQ_1，使其常闭触点 SQ_{1-1} 断开，接触器 KM_1 因线圈断电而释放，电动机停转；同时行程开关 SQ_1 的常开触点 SQ_{1-2} 闭合，使接触器 KM_2 通电吸合并自锁，电动机反转，拖动工作台向右移动；同时 SQ_1 复位，为下次正转做准备。

当电机反转拖动工作台向右移动到一定位置时，挡块 2 碰到行程开关 SQ_2，使 SQ_{2-1} 断开，KM_2 断电释放，电动机停转；同时常开触点 SQ_{2-2} 闭合，又使 KM_1 通电并自锁，电动机又开始正转。

如此反复循环，使工作台在预定行程内自动反复往返运动。

(2)按照附图 3-1a 所示电路图进行接线。注意行程开关的常开触点与常闭触点不要接错。

(3)待完成接线后，可由实验小组其他成员进行检查复核，若确认正确无误，则可合闸通电($U_1=220$ V)。

(4)由以下步骤进行实验验证：

(＊——通电或通合)

(×——失电或分断)

按SB_1＊（10秒）→KM_1＊并自锁→电动机运转（设为正转）（1分钟后）→SQ_1＊（人工手动）
→（观察）KM_1×电动机停转→

→→→→→→KM_2（并自锁）→电动机反转（1分钟后）→SQ_2＊（人工手动）

→KM_2×电动机停转
→→KM_1＊（并自锁）……下一循环开始

(5)若设 SQ_1 失灵，在电动机正转时，压下 SQ_3，观察并记录电机运行状况。

(6)若设 SQ_2 失灵，在电动机反转时，压下 SQ_4，观察并记录电机运行状况。

四、实验注意事项

(1)在实验前，要检查电动机能否灵活转动(不能卡死)。

(2)注意整定热继电器的"整定电流"值(与所保护的电动机的额定电流相等)。

(3)接线、查线与拆线时，必须断开电源。

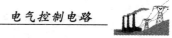

（4）合闸后，不论是否通电，均不允许用手去触摸带电体、通电导线与通电器件。

（5）合闸时，必须保证实验小组全体成员知晓，以免某些成员不慎触电。

（6）发生短路烧掉熔芯后，必须查找原因，排除故障，不能贸然再次合闸。

（7）当三相异步电动机启动时，发现电机有嗡声，但不转动，表明三相中缺一相，处于单相运行状态，必须立即断开电源开关，查找原因。

（8）接线时4个行程开关的触点在控制电路中的位置与作用不要搞错，常开、常闭触点也不要搞错。

五、实验报告

（1）画出机床工作台自动往返控制电路图。

（2）写出通过行程控制实现工作台往返运动的模拟调试过程。

（3）说明行程开关 SQ_3 与 SQ_4 的作用。

实验(四) 三相异步电动机顺序控制电路

一、实验目的

(1)掌握继电接触顺序控制的工作原理。

(2)熟悉两个电动机的电气电路接线。

二、实验电路与实验设备

1. 实验电路

实验电路如附图 4-1 所示。

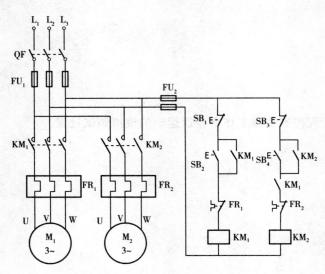

附图 4-1 三相异步电动机顺序控制电路

附图 4-1 中形成顺序启动控制的关键元件是 KM_2 线圈电路中 KM_1 的常开触头。

2. 实验设备

(1)三相电源、按钮、接触器、熔断器、热继电器。

(2)两台三相异步电动机,其中一台为三相绕线转子异步电动机(将转子绕组短接),另一台为三相笼式异步电动机。

(3)万用表。

三、实验内容与实验步骤

(1)按照附图 4-1 所示电路完成接线。

(2)待检查确定无误后,合上电源开关,接通 220 V 三相交流电源。

(3)启动时,先按下 SB_4 按钮,观察电动机运行情况。

(4)按 SB₂ 按钮，观察电动机运行情况。

(5)先按 SB₂ 按钮，再按 SB₄ 按钮观察接触器及电动机运行情况。

(6)按下 SB₁ 按钮，观察接触器及电动机运行情况。

四、实验注意事项

(1)在实验前，要检查电动机能否灵活转动(不能卡死)。

(2)注意整定热继电器的"整定电流"值(与所保护的电动机的额定电流相等)。

(3)接线、查线与拆线时，必须断开电源。

(4)合闸后，不论是否通电，均不允许用手去触摸带电体、通电导线与通电器件。

(5)合闸时，必须保证实验小组全体成员知晓，以免某些成员不慎触电。

(6)发生短路烧掉熔芯后，必须查找原因，排除故障，不能贸然再次合闸。

(7)当三相异步电动机启动时，发现电机有嗡声，但不转动，表明三相中缺一相，处于单相运行状态，必须立即断开电源开关，查找原因。

五、实验报告

(1)说明形成顺序启动控制的工作原理。

(2)设计一个控制两台电动机顺序停止的电气控制电路。

实验(五)　三相异步电动机 Y-△启动控制电路

一、实验目的

(1)理解三相异步电动机 Y-△启动控制电路的目的与工作原理。

(2)掌握三相异步电动机 Y-△启动控制电路的接线。

(3)掌握时间继电器的应用和触头符号的识别。

二、实验电路与实验设备

1. 实验电路

实验电路如附图 5-1 所示。

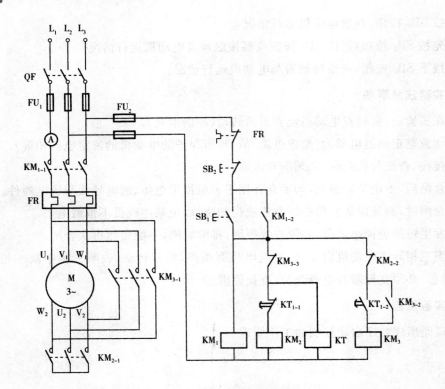

附图 5-1　三相异步电动机 Y-△启动控制电路

附图 5-1 中 KT_{1-1} 为(线圈通电)延时断开的动断触点。KT_{1-2} 为(线圈通电)延时闭合的动合触点。

2. 实验设备

(1)三相电源、按钮、接触器、熔断器、热继电器、时间继电器、电流表。

(2)三相异步电动机。

(3)万用表。

三、实验内容与实验步骤

(1)电路的工作原理和工作过程：

　　　按下 SB_1 按钮→KM_2 线圈得电（并自锁）→KM_{1-2} 动合触点闭合────────┐
┌──┘
├─KM_1 线圈得电→KM_{2-2} 动断触点断开→切断 KM_3 线圈电路→电动机接成 Y 形，并得电起动。
├─KT 线圈得电（时间断电器 KT 计时开始）。
延时 t 秒后（由时间断电器控制）→KT_{1-1} 断开→KM_1 线圈失电→KM_{2-2} 闭合→KT_{1-2} 闭合→KM_3
线圈得电（并自锁）→电动机呈△形接法，正常运行→KM_{3-3} 动断开→使 KT 线圈失电（启动过程完成）。

　　由以上工作过程可见，Y-△降压启动的方法，仅适用于正常运行处于△形接法的三相异步电动机，即 4 kW 以上的三相异步电动机(4 kW 以下的三相异步电动机，运行时通常为 Y 形接法)，实验电机仅供训练接线用。

（2）按照附图 5-1 所示电路,完成接线。接线时要注意区分动合触点与动断触点的选择,以及延时触点的正确选择。

（3）由于控制电路较复杂,因此接线完成后,一定要进行复查(由另一位小组成员复查),并整定 KT 的延时时间($t=30$ 秒左右)。

（4）经过复查确定无误后,合上开关 QF,接上 220 V 三相电压。

（5）按下 SB_1,电动机作 Y 形接法,注意观察启动情况(记录下各继电器动作顺序),并读取电流表最大读数。

（6）实验完成后,再将控制电路改接成直接启动电路,并观察直接启动时的启动电流。

四、实验注意事项

（1）在实验前,要检查电动机能否灵活转动(不能卡死)。

（2）注意整定热继电器的"整定电流"值(与所保护的电动机的额定电流相等)。

（3）接线、查线与拆线时,必须断开电源。

（4）合闸后,不论是否通电,均不允许用手去触摸带电体、通电导线与通电器件。

（5）合闸时,必须保证实验小组全体成员知晓,以免某些成员不慎触电。

（6）发生短路烧掉熔芯后,必须查找原因,排除故障,不能贸然再次合闸。

（7）当三相异步电动机启动时,发现电机有嗡声,但不转动,表明三相中缺一相,处于单相运行状态,必须立即断开电源开关,查找原因。

（8）控制电路采取先串后并,按接触器、继电器线圈、△线圈 KM_1、KM_2、KT、KM_3 依次接线。注意延时动断与动合触点的识别。

（9）由于 KM_2 与 KM_3 线圈不可同时得电,因此在 KM_2 与 KM_3 线圈电路中有互锁保护常闭触点 KM_{3-3} 与 KM_{2-2}。

五、实验报告

（1）画出三相异步电动机 Y-△ 启动控制电路。

（2）以箭头方式写出该电路顺序动作过程(以 ☆ 表示闭合,× 表示断开)。

（3）说明若在 KM$_3$ 线圈中不串入 KM$_{2-2}$ 触点，会有怎样的后果。

（4）说明若在 KT 线圈中不串入 KM$_{3-3}$ 动断触点，会有怎样的后果。

（5）说明 Y-△启动的目的和它的副作用，说明这种方法适用的场合。

实验（六）　三相异步电动机能耗制动电路

一、实验目的

（1）掌握电动机能耗制动的工作原理。

（2）掌握实现电动机能耗制动的典型控制电路。

（3）进一步熟悉时间继电器的应用。

二、实验电路与实验设备

1. 实验电路

实验电路如附图 6-1 所示。

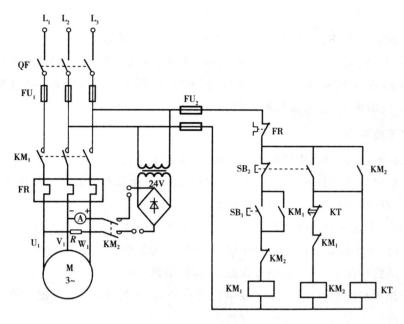

附图 6-1 三相异步电动机能耗制动电路

附图 6-1 中的直流电压 24 V，由直流电源提供；R 为能耗制动电阻，采用阻值为 20 Ω 左右，能通过 1 A 电流的电阻。

2．实验设备

（1）三相电源、按钮、接触器、熔断器、热继电器、时间继电器、电流表、电阻、24 V 直流电源。

（2）三相笼式异步电动机。

（3）万用表。

三、实验内容与实验步骤

（1）电动机能耗制动的工作原理：

当三相异步电动机脱离交流电源后，同时又在 U、V 相绕组接入 24 V 直流电源，这样电动机定子就变成了磁极。这时还在旋转的笼式转子便相当于短路的电枢，它在磁极磁场中切割磁力线，会产生电势与电流（方向按右手定则确定）。此电流在磁场中又受到电磁力 F 的作用（方向按左手定则确定），F 的方向必与转速 n 相反，从而构成制动阻力转矩。如附图 6-2 所示。

（2）按照附图 6-1 完成接线，并整定时间继电器延时时间（$t = 30$ 秒）。经复查无误后，合上开关 QF，接通 220

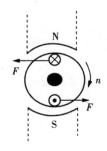

附图 6-2 能耗制动原理

V 三相电源。

(3)按下 SB₁ 按钮，KM₁ 线圈得电（并自锁），使电动机运转。

(4)按下 SB₂ 按钮，一方面 KM₁ 线圈失电，另一方面接通 KT 与 KM₂ 线圈得电，实现能耗制动。经 t 秒后，延时动断触头 KT 断开，使 KM₂ 线圈失电，KM₂ 动合触点断开，又使时间继电器 KT 线圈失电，从而恢复初始状态。

四、实验注意事项

(1)在实验前，要检查电动机能否灵活转动（不能卡死）。

(2)注意整定热继电器的"整定电流"值（与所保护的电动机的额定电流相等）。

(3)接线、查线与拆线时，必须断开电源。

(4)合闸后，不论是否通电，均不允许用手去触摸带电体、通电导线与通电器件。

(5)合闸时，必须保证实验小组全体成员知晓，以免某些成员不慎触电。

(6)发生短路烧掉熔芯后，必须查找原因，排除故障，不能贸然再次合闸。

(7)当三相异步电动机启动时，发现电机有嗡声，但不转动，表明三相中缺一相，处于单相运行状态，必须立即断开电源开关，查找原因。

五、实验报告

(1)画出电动机能耗制动电路。

(2)写出按下 SB₁ 按钮与 SB₂ 按钮后，各电气元器件动作的顺序（流程图）。

(3)说明能耗制动的效果。能耗制动结束后，时间继电器是否一直处于通电工作状态？

（4）KM_1 与 KM_2 两接触器可否同时吸合,若同时吸合,会产生怎样的后果,通常又采用什么措施避免?

实验（七）　三相绕线式异步电动机启动控制电路

一、实验目的

（1）理解三相绕线式转子异步电动机启动电路的工作原理。

（2）掌握三相绕线式转子异步电动机启动电路的接线与故障排除。

二、实验电路与实验设备

1. 实验电路

实验电路如附图 7-1 所示。

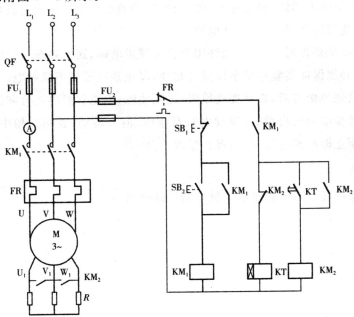

附图 7-1　三相绕线式异步电动机启动控制电路

图中启动电阻 R 采用 3 只 30 Ω 变阻器,将电阻调至 10 Ω。

2. 实验设备

(1)三相电源、按钮、接触器、熔断器、热继电器、时间继电器、电流表、变阻器。

(2)三相绕线式转子异步电动机。

(3)万用表。

三、实验内容与实验步骤

(1)三相绕线式转子异步电动机启动控制电路的工作原理:

三相笼式异步电动机的启动特性较差,启动电流大,$I_{st} = (5 \sim 7) I_N$(I_{st} 为启动电流,I_N 为额定电流),但启动转矩却不大。主要原因是转子电阻过小,不仅造成转子电流过大,还造成转子电路功率因数过低。由电机学可知,当转子电流相位滞后过大(功率因数过低)时,会造成转子电磁转矩相互抵消,导致启动转矩削弱。为了改善异步电动机的启动性能,通常采用绕线式转子,并在启动时在转子电路中串接启动电阻,如附图 7-1 所示。

(2)按照附图 7-1 所示电路完成接线,整定时间继电器延时时间 t(30 秒左右),合上开关 QF,接通 220 V 三相交流电源。

(3)按下 SB_1 按钮,观察并记录各电气元器件动作顺序(流程图)。

(4)观察启动过程中电机电流的变化。

四、实验注意事项

(1)在实验前,要检查电动机能否灵活转动(不能卡死)。

(2)注意整定热继电器的"整定电流"值(与所保护的电动机的额定电流相等)。

(3)接线、查线与拆线时,必须断开电源。

(4)合闸后,不论是否通电,均不允许用手去触摸带电体、通电导线与通电器件。

(5)合闸时,必须保证实验小组全体成员知晓,以免某些成员不慎触电。

(6)发生短路烧掉熔芯后,必须查找原因,排除故障,不能贸然再次合闸。

(7)当三相异步电动机启动时,发现电机有嗡声,但不转动,表明三相中缺一相,处于单相运行状态,必须立即断开电源开关,查找原因。

五、实验报告

(1)画出三相绕线式转子异步电动机启动控制电路。

（2）说明绕线转子电路串接启动电阻的作用。

（3）写出启动过程的流程图。

（4）分析说明在时间继电器线圈电路中,串接 KM_2 动断触点的目的。若省去此触点,会有什么后果?

（5）说明若串接在绕线式转子电路中的启动电阻 R 在启动后不短接,会对电动机的运行产生怎样的影响(可通过实验验证)。

（6）说明三相绕线式转子异步电动机启动的其他方法。

实验(八)　三相异步电动机反接制动控制电路

一、实验目的

(1)理解三相异步电动机反接制动控制电路的工作原理。

(2)掌握实现电动机反接制动的典型控制电路。

(3)熟悉速度继电器的应用。

二、实验电路与实验设备

1. 实验电路

实验电路如附图8-1所示。

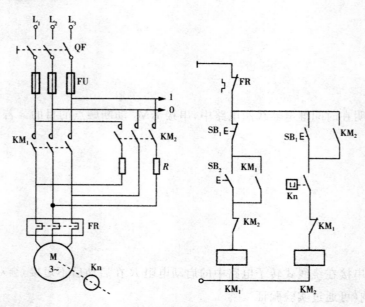

附图8-1　三相异步电动机反接制动控制电路

2. 实验设备

(1)三相电源、按钮、接触器、熔断器、热继电器、速度继电器、变阻器。

(2)三相鼠笼式异步电动机。

三、实验内容与实验步骤

(1)三相异步电动机反接制动控制电路的工作原理:

将三相异步电动机的任意两相定子绕组与电源的接线对调,定子电流的相序改变,旋转磁场的方向随之改变。由于机械惯性,电动机仍按原来的方向继续旋转,此时转子切割旋转磁场的方向与电动状态时相反,电磁转矩变为制动转矩。当电动机速度接近 0 时,若不断开反向电源,电动机将会反向启动。因此电动机转轴上装上速度继电器,当电动机的转速小于100 r/min,速度继电器的常开触点将断开,使电动机断电停转。

(2)按照附图 8 - 1 所示电路完成接线,合上开关 QF,接通 220 V 三相交流电源。

(3)按下 SB₂ 按钮,观察并记录各电气元器件动作顺序(流程图)。

(4)按下 SB₁ 按钮,观察电动机停转过程。

四、实验注意事项

(1)在实验前,要检查电动机能否灵活转动(不能卡死)。

(2)注意整定热继电器的"整定电流"值(与所保护的电动机的额定电流相等)。

(3)接线、查线与拆线时,必须断开电源。

(4)合闸后,不论是否通电,均不允许用手去触摸带电体、通电导线与通电器件。

(5)合闸时,必须保证实验小组全体成员知晓,以免某些成员不慎触电。

(6)发生短路烧掉熔芯后,必须查找原因,排除故障,不能贸然再次合闸。

(7)当三相异步电动机启动时,发现电机有嗡声,但不转动,表明三相中缺一相,处于单相运行状态,必须立即断开电源开关,查找原因。

五、实验报告

(1)画出三相异步电动机反接制动控制电路。

(2)说明速度继电器的作用。

（3）写出电动机停转过程的流程图。

（4）分析说明若不装速度继电器会有什么后果。

实验（九）　双速电动机△/YY接法控制电路

一、实验目的

（1）理解鼠笼式双速异步电动机△/YY接法控制电路的工作原理。

（2）掌握鼠笼式双速异步电动机实现双速的两种典型控制电路。

（3）进一步熟悉时间继电器的应用。

二、实验电路与实验设备

1．实验电路

实验电路如附图9-1和附图9-2所示。

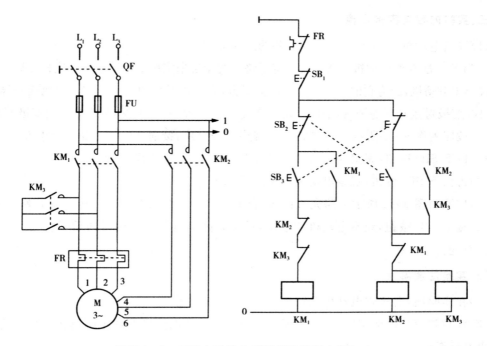

附图 9-1　双速电动机△/YY接法控制电路(一)

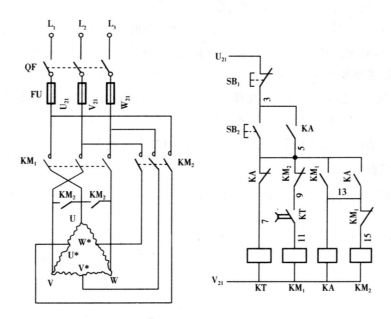

附图 9-2　双速电动机△/YY接法控制电路(二)

2. 实验设备

(1)三相电源、按钮、接触器、熔断器、热继电器、中间继电器、时间继电器。

(2)三相鼠笼式双速异步电动机。

三、实验内容与实验步骤

(1)双速电动机△/YY接法控制电路的工作原理:

△/YY接法双速电动机是通过改变定子绕组的接法来实现变极调速的。这种方法适用于鼠笼式异步电动机,因为它的转子无固定的极对数,它的极对数随定子而定。而绕线式异步电动机要改变极对数必须定子、转子同时改变接线,结构复杂、操作麻烦,故不宜采用变极调速。

(2)按照附图9-1所示电路完成接线,合上开关QF,接通220 V三相交流电源。

(3)按下SB₁按钮,观察并记录各电气元器件动作顺序(流程图)。

(4)再按下SB₂按钮,观察电动机的速度是否改变。

(5)按照附图9-2所示电路完成接线,合上开关QF,接通220 V三相交流电源。

(6)按下SB₂按钮,观察电动机的速度,过了时间继电器设定的时间后观察电动机的速度是否改变。

四、实验注意事项

(1)在实验前,要检查电动机能否灵活转动(不能卡死)。

(2)注意整定热继电器的"整定电流"值(与所保护的电动机的额定电流相等);设定好时间继电器的时间参数。

(3)接线、查线与拆线时,必须断开电源。

(4)合闸后,不论是否通电,均不允许用手去触摸带电体、通电导线与通电器件。

(5)合闸时,必须保证实验小组全体成员知晓,以免某些成员不慎触电。

(6)发生短路烧掉熔芯后,必须查找原因,排除故障,不能贸然再次合闸。

(7)当三相异步电动机启动时,发现电机有嗡声,但不转动,表明三相中缺一相,处于单相运行状态,必须立即断开电源开关,查找原因。

(8)为使电动机调速后不反转,必须在变极的同时倒换电源的相序。

五、实验报告

(1)画出双速电动机△/YY接法控制电路。

（2）说明实验中的两种控制电路有何区别。

（3）写出所有的时间继电器的图形符号。